◇刊行のことば◇

二一世紀の世界農業は、我々農業ジャーナリストに、ますます重大な使命を担わせている。それは国の内外にわたる農業や食料に関する正しい情報が、今日ほど痛切に求められているときはないからである。

農政ジャーナリストの会は、一九五六年に創立されて以来、一貫して農業に関する正確な事実認識と公正な情報伝達のために、新聞、放送、雑誌など各分野に働く農業ジャーナリストの力を結集することに努めてきた。本会の機関誌『日本農業の動き』は、このような我々の努力の一端を、日本農業の現在並びに将来について関心をもつ、すべての人々に知っていただくために刊行されているものである。

我々は、本誌が会内外の強い支援に支えられて発展し、我が国農業の進歩に少しでも役立てば幸いであると思っている。

農政ジャーナリストの会

■ 日本農業の動き ■　No.224

能登半島地震
～復興への展望

農政ジャーナリストの会

目次

農業気象台……6

〈特集〉能登半島地震〜復興への展望

【巻頭論文】

大規模災害が加速する「地方消滅」と復興のかたち……会員　行友　弥……8

【報告】

三・一一の教訓から能登の復興を考える……株式会社雨風太陽 代表取締役　高橋　博之……20

質疑……45

災害復興から語る農山村再生　〜二〇〇四年新潟県中越地震の事例から〜……公益社団法人中越防災安全推進機構理事・NPO法人ふるさと回帰支援センター副事務局長　稲垣　文彦……54

質疑……72

珠洲市狼煙町の被災体験……珠洲市特定地域づくり事業協同組合事務局　馬場　千遥……84
質疑……103
能登半島地震から半年を経た「今」と奥能登農業の再生と復興に向けて……JAのと 代表理事組合長　藤田　繁信……108
質疑……122
〈農政の焦点〉
堂島のコメ上場……会員　熊野　孝文……128
〈地方記者の目〉
「あす」の日本農業への一考察　～亀田郷の現場から……会員　原　崇……136
〈国際部報告〉
農業技術普及におけるICTの活用　――インドを事例として――……開発コンサルタント　於勢　泰子……144
編集後記……150

農業気象台

▼…また米軍か――。八月初旬、神奈川県海老名市の田んぼにアメリカ軍のヘリコプターが「不時着」した。報道によれば、ヘリは厚木基地から岩国基地へ向かう途中、エンジントラブルにより緊急降下。機体損傷や燃料漏れなどはなく、約二時間後にヘリは離陸したという。

我が物顔で日本上空を飛び回り、危険な低空飛行訓練などを行ない、たびたび事故を繰り返している米軍。同じ神奈川県では一九七七年、横浜市の住宅地に米軍機が墜落し、三歳と一歳の幼い兄弟、母の三人が亡くなっている。

▼…ただ今回は、けが人や周囲の建物などへの被害はなかったそうだ。よかったよかった……わけがない。明らかに農業被害があるのに、米軍はもとより地元自治体のコメントにもそのことへの言及が見当たらないのが大変気になる。

現場の映像では、生育の進んだとみえるイネの上に巨大な鉄の塊がふてぶてしく乗っかっていた。ヘリの下敷きになったイネはおそらくもうダメだろう。では周りのイネは？ どのくらいのイネ・米がやられたのか？ 農家は酷暑のなか追肥や防除に精を出してきただろうに。

それと、土は大丈夫なのだろうか？ 来年以降は問題なくこの場所に作付できるのだろうか？

ヘリが「不時着」した田んぼは、もしかしたらその農家の耕作地のなかで一番収量の高い田んぼだったかもしれない。あるいは新しい品種や農法を試している圃場だったかもしれない。または何年も堆肥を入れ続けて土壌改良してきた土地かもしれない。もちろん、こうしたエピソードが特になかったとしても、大事な大事な田んぼとイネには違いない。

それとも、土地の所有者は米づくりを法人か担い手農家に頼んでいる？ だとすればその人の状況はどうなのか？

こうしたことが「人や建物への被害はなかった」という報道や「土地の所有者」という言い方からは何も見えてこない。もしこれが田んぼではなく工場だったら、生産設備（土）も、も

農業気象台

うすぐ完成するはずだった生産物（イネ）もやられてしまったという話になるはずだが……。

▼…そういえば何年か前、大手携帯電話会社のこんなCMがあった。人気歌手グループが屋外でライブをやることになったが、会場が田舎すぎて観客が集まりそうにない。でも写真をよく見るとここに人が……と思ったらカカシだった、という「オチ」。「こんな田舎でも電波が通じますよ」というPRのダシに「田んぼ」と「カカシ」が使われていた。

一体何なのだろう、この認識の解像度の低さは。田んぼがあり、カカシがあるということは、それをつくる労働があり、その労働を行なう人が住んでいる、つまりそこには人の暮らしがあるに決まっているではないか。

しかし、この携帯電話会社と広告会社だけを責めるわけにもいかない。身の回りでも、「この店ができる前ここは何だった？」「何もなかった（＝田んぼだった）」のような会話はよく耳にする。「田んぼ」を「何もない」の同義語として使うことがもはや習い性になっているといってもいい。

▼…そりゃ米不足にもなるわな、という気がする。（といっても、スーパーの米の棚が空っぽになっているそのすぐ隣には、スナック菓子が山と積まれていたりするわけだが……。「米がないならせんべいを食べればいいじゃない」⁉）。

ともあれ、米不足をきっかけに、今、米への関心がこれまでになく高まっているという。ならばこの機に、その関心を、イネという植物やイネの育つ田んぼ、イネを育てる農家への関心へと高められないだろうか。空っぽになった米売り場の前で、米がつくられる現場に気持ちを寄せる人を一人でも増やせないか。それができてはじめて、食料安保も対米自立もありうるのではないだろうか。——こんなことを、『風景がつくるごはん』（真田純子東京工業大学教授著、農文協刊）を読みながら考えた。

（岐）

〔巻頭論文〕

大規模災害が加速する「地方消滅」と復興のかたち

会員　行友　弥

頻発・激甚化する災害

今年元日、能登半島を中心とする北陸地方を大地震が襲い、正月気分を一瞬に吹き飛ばした。関東大震災（一九二三年）から昨年で一〇〇年、来年は阪神淡路大震災（九五年）から三〇年という節目だが、阪神の後も新潟県中越地震（二〇〇四年）、東日本大震災（一一年）、熊本地震（一六年）など日本列島各地で大きな地震が頻発している。今年は八月にも宮崎県南部で震度6弱の揺れを記録する地震があり、政府は南海トラフ地震臨時情報（巨大地震注意）を発して国民に警戒を促した。

地震だけではない。地球規模の気候変動を背景に、大雨・暴風などの異常気象が猛威を増し、洪水や土砂災害等の深刻な被害が毎年のように各地で発生している。その都度、テレビなどのニュースで「数十年に一度の」「これまで体験したことのないような」といった切迫した表現が使われる。「オオカミが来た」と少年が繰り返し叫ぶイソップ童話のように感覚がまひしそうだが「またか」では済まされない。被災地の多くが、そして被災者の一人一人が、回復困難なほどのダメージを受けていることを忘れてはいけない。

今や、こうした激甚災害はいつ、どこで起きてもおかしくない。そういう危機意識を持ち、日ごろから防災・減災に努める必要がある。また、被災地の惨状を「自分ごと」として受け止めることも求められる。それは原子力災害や大規模停電など、自然災害と複合して起きる人災についても同じだ。その一つ一つを地域や暮らし、経済のあり方を見直すきっかけにしなければならない。

地域の衰退を加速

災害は時として地域の姿を根底から変えてしまう。そして、地域が抱える潜在的な課題をあぶり出す。人口が増え、経済が順調に成長する右肩上がりの時代なら復興も進めやすいが、現在の日本社会は人口減少と少子高齢化、そして経済の停滞という不可逆的な衰退過程にあり、災害はその流れを加速する。特に過疎の農山漁村地域では、その影響がより強く現れる。住民の避難を契機に人口流出に拍車がかかり、農林水産業など地場産業の担い手も失われていくからだ。

人口密度が低下すると、医療・介護・教育といった公共サービスの効率が悪化する。鉄道・バスなどの交通機関や商業施設なども採算が取れなくなり、事業者は撤退や縮小を余儀なくされる。人が戻らないために生活インフラの維持が困難になり、そのためにますます人が戻りづらくなるという悪循環に陥る。

住民の離散で地域のコミュニティ機能が弱まり、帰還した人々が孤独・孤立に陥るリスクも高まる。高齢者や障害者など社会的弱者ほど災害のダメージを受けやすい。表向きの復興が進む一方で、そこから取り残された人々の境遇は厳しくなる。

「復興」が被災者を追い込む

政府の非常災害対策本部によると、能登半島地震の死者は八月二一日時点で三四一人だが、このうち三分の一にあたる一一二人は、被災後の生活環境の悪化などによる災害関連死だ。いわば「救えたかも知れない命」である。

こうした問題は、阪神大震災や東日本大震災でも生じてきた。宮城・福島・岩手の被災三県では都会のマンションのような復興住宅（災害公営住宅）が三万戸近く建設されたが、多くは抽選で入居者を決めたためにコミュニティが形成されにくく、一人暮らしの高齢者らが誰にも気づかれないまま亡くなる孤独死が多発している。

読売新聞が福島・宮城・岩手三県の自治体に取材したところ、復興住宅で孤独死した人は一二〜一九年の八年間に計二四五人だったが、二〇〜二三年の四年間では計三〇八人と、発生頻度が高まっている。入居者の高齢化率（六五歳以上の割合）は二三年時点で四四・三％と三県の平均（三一・五％）を大きく上回り、高齢入居者の二人に一人が独居だという（今年三月五日付読売新聞オンラインより）。

復興の進め方を誤ると、同様の悲劇はさらに増える。阪神大震災をはじめ大規模災害の復興過程を研究してきた塩崎賢明・神戸大名誉教授が「復興災害」と呼ぶ事態である。

産業やインフラの復興でもすれ違いが目立つ。東北の被災三県では、災害を契機とした先進的な生産基盤の整備（農地の大区画化、スマート農業の導入、大規模な水産施設の建設など）が進められてきたが、それを利用する担い手や需要が足りず、結果的に過剰投資になったケースも少なくない。復興関連の補助金を使って大型の加工施設を導入した水産加工業者が売り上げの低迷で結果的に倒産したといった事例も数多く報道されている。

三陸地方の津波被災地では、巨額の予算を投じて造成した市街地の多くが利用されず、空き地になっている。人口減少という現実を直視しないハード優先の「創造的復興」の失敗といえよう。復興事業の多くが地元自治体や受益者に負担を求めない「全額国費」で行われたことも、こうしたミスマッチを生んだ背景と指摘されている。

わき起こる「復興の合理化」論

こうした失敗を踏まえてのことだろうか。能登半島地震では、発生後の比較的早い時期から復興の「合理化」を求める声が出始めた。

一月二四日の食料・農業・農村政策審議会企画部会では、弁護士の林いづみ委員が能登半島に多い棚田（石川県輪島市の千枚田が有名）の再生に疑問を呈した。農林水産省のウェブサイトで公開されている議事録から、関連部分を原文のまま引用しよう。

「棚田の再現の話が出ました。今我々、この人口減の中でいかに機械化、効率化して産業としての競争力なり自立性を確保していこうというときと思います。今のこの状況で何かそういうのを言うことはとても語弊があるので言いにくいのですけれども、震災の復興の優先順位についても先ほどの農地の固定資産税（引用者注：農地の流動化を促すため固定資産税を引き上げるべきだという他委員の意見）についても、多分農林水産省の方々は、そんなのは分かっているというお話かもしれないですけれども、ではそれがなぜできなかったのかという歴史があると思います。ただ、基本法の見直しの中で出てきたように、人口減という中、地政学的、また経済安全保障も考えたときに、施策の在り方も大きく変えなければいけないという議論する場の一つがここかと思っていますので、今後、文章を書くときに、各局で少しチャレンジングな表現を考えていただいて、私たちもそれを応援したいと思っております」

また、日本テレビ解説委員の宮島香澄委員は次のように述べた。

「全部を元通り再興するのが適切とは思っていません。ある程度の限界になったところ、人には集住していただく場合もあるのではとか、それぞれの幸せのためには、再現ではなく別の形のほうがいいのではないかという議論は当然あると思います。ここは実際には復興できる、でも、ここは実際に手は付けないとか現状をきちんと見える形にしていただくという意味で申し上げたつもりです」

林氏の発言はわかりづらいが、要するにいずれも「被災前の状態に戻す必要はない。復興は絞り込んで進めるべきだ」という趣旨だろう。農業に「産業としての自立」が求められる時代に、生産装置としては不効率でしかない棚田を元通りに直す必要はない。また、もともと過疎化が進んでいた限界集落に住民を戻すのは無駄――というわけだ。「便利な都市部に移住した方が当事者も幸せ」という理屈もあるが、根底には復興予算や、将来にわたって地域を維持していくための行政費用を節減しようという効率優先の発想がある。

議事録によると、これらの発言に対し農水省の担当者は、白米千枚田が世界農業遺産に登録された「能登の里山里海」の構成要素であり、石川県民にとって「シンボリックなところ」であることを指摘するにとどめている。知名度が低く、景観などの価値も認められにくい「普通の棚田」や「普通の集落」は守らなくていいと、暗黙の同意を与えているようにも受け取れる。

知事経験者からも移住論が

宮島氏と同じ趣旨の発言を地震発生一週間後にX（旧ツイッター）へ投稿したのが、前新潟県知事で衆院議員（立憲民主党、新潟5区）の米山隆一氏である。原文は確認できないが、一月二六日付毎日新聞（ウェブ版）によると、こう書き込んだという。

「人口が減り、地震前から維持が困難になっていた集落では、復興ではなく移住を選択する事をきちんと組織的に行うべきだ」

また、この記事の中で米山氏は記者にこう語っている。

「そもそも地震後に他の地域に身を寄せ、元の土地に戻らない人もいるだろうし、仮に全員帰っても、一〇年後には地域を離れて介護施設に入居する人も出てくるだろう。お金をかけて水道や道路などのインフラを復旧しても、人がいなくなれば閉じる必要があり費用もかかる。地震が起こり、（インフラを）造り替えなければいけないこのタイミングでどうするのか考えるべきだ」「本人や地域のためにも、合理的に考えなければならないのではないか。被災地を文字通り元に戻すことに、必要以上にこだわるべきではない」

もう一人、知事経験者の発言を取り上げたい。元岩手県知事で総務大臣も務めた日本郵政社長の増田寛也氏である。四月九日に開かれた財政制度審議会（財務相の諮問機関）の分科会終了後、増田氏は同審議会の会長代理として記者会見し「能登半島地域においてもコンパクト化や集約化を考えていくべきだ」と話した（テレビ東京のニュースサイト「テレ東ＢＩＺ」の動画から）。

「コンパクト化」とは、中心市街地に都市機能を集めることで利便性や効率性を高めるまちづくりの手法（コンパクトシティ）のことだろう。その考え方を復興に当てはめれば、能登半島の各地に点在する集落を一つ一つ再生するのはあきらめ、住民には都市部に移住（集住）してもらう、ということになる。宮島氏や米山氏と同じ「縮退型復興」ともいうべき提案である。

増田氏の発言は同分科会の議論を取りまとめたもので、米山氏のような個人的見解とは違う。国の財政のあり方を検討する審議会からの提言という重みがある。財務省のサイトに掲載された議事録を読むと、確かに「人口減少と高齢化が進む中、すべてを元に戻すのは現実的ではない」といった意見が委員から出ている。また、事務局である財務省の担当者も「被災地の多くが人口減少局面にある中、住民の方々の意向を踏まえつつ、集約的なまちづくりやインフラ整備の在り方も含めて、十分な検討が必要」「安全な地域への居住を促していく必要がある」などと述べており、同省の意向も反映されていそうだ。

ちなみに増田氏は一〇年前に民間有識者でつくる日本創成会議の座長として「地方消滅」に警鐘を鳴らし、全国八九四の市区町村に消滅の可能性があるとするリストを発表した人物だ。その報告はいわゆる「増田ショック」として全国の自治体関係者に波紋を広げた。この時、同会議が発表した提言「成長を続ける21世紀のために　ストップ少子化・地方元気戦略」にも「選択と集中」（絞り込み）の思想が貫かれていた。

具体的には、おおむね人口二〇万人以上の地方都市に公共投資を集中して「人口のダム」を築き、東京一極集中（地方から東京圏への人口移動）に歯止めをかけるという戦略である。

言い換えれば、そのダムの上流に位置する小規模な自治体や集落は切り捨てていい、とも読める内容だった。農村問題に詳しい小田切徳美明治大学教授が「農山村は消滅しない」、地域社会学者の山下祐介首都大学東京准教授（現・東京都立大教授）が「地方消滅の罠――『増田レポート』と人口減少社会の正体」を著し、増田氏らの議論を厳しく批判したのは当然だろう。

創造的復興と「人間の復興」

このように振り返ってみると、災害復興をどう進めるかという問題は被災地にとどまらず、人口減少時代に入った日本のグランドデザインをどう描くかという国民的課題に直結することがわかる。既に述べたように、災害はその地域（社会）が抱える本質的な課題をあぶり出す。従って、その本質と向き合わない復興論は絵に描いた餅でしかない。言い換えれば被災地は人口減少社会の課題先進地であり、その復興のあり方は日本の未来を左右する分岐点になると言っても過言ではない。

復興をめぐる議論を少しさかのぼってみたい。阪神大震災のころから唱えられるようになった創造的復興論は、実は一〇一年前の関東大震災に原点がある。震災発生当時の内務大臣で帝都復興院総裁を兼務することになった後藤新平は「創造的復興」という言葉こそ使わなかったが、東京を近代的都市に改造する好機として震災を捉えた。

その構想のすべてが実現したわけではないが、道路や橋、運河、公園、上下水道などが急ピッチで整備され、江戸時代の面影を残す街並みは一掃された。土地区画整理事業で移転した家屋は二〇万棟とも伝えられる。

その功績は現在も高く評価されているが、当時から批判もあった。その一人が、経済学者で東京商科大学（現在の一橋大学）教授の福田徳三だ。福田は「復興事業の第一は人間の復興でなければならぬ」と喝破した。人々が生きていくために必要な暮らしや生業の基盤（福田はそれを「営生の機会」と表現した）を整えることが「人間の復興」である。その立場からすれば、道路や橋などのインフラ整備や区画整理のために、人々が住み慣れた土地を追われたり、仕事（営業）の場を奪われたりするのは本末転倒ということになる。

その批判は、阪神大震災や東日本大震災の復興施策にも当てはまる。たとえば東北の被災地では、災害を契機に農林水産業を生産性の高い産業へ刷新しようとする「惨事便乗型改革」（ショック・ドクトリン）の手法がとられた。しかし、産業としての効率化（省力化）と、地域に活力を取り戻すことは必ずしも両立しない。

たとえば、以前は五〇戸の農家が利用していた一〇〇ヘクタールの農地を一法人で耕作するようになれば、生産性は格段に向上する。だが、農地をその法人に委ねて離農した人々がその土地を去れば、人口は大幅に減ってしまう。地元への愛着から地元に残ったとしても、生きがいや張り合いを失い、心身の健康を害してしまうかも知れない。それは「人間の復興」と言えるだろうか。

筆者は東北の被災地における調査を続ける中で、そのような現実を何度も見聞きしてきた。復興の先頭に立つ大規模な農業生産法人の代表者自身が「農業を再開しても、地域のにぎわいは戻らなかった。子どもの声が聞こえなくなり、お祭りも開かれない。これが復興なのか」と自問する姿に胸を衝かれた。

福田が言う人間の復興を広く解釈すれば、生活や生業の回復だけでなく、多様な人々が支え合って生きるコミュニティの再生も重要な要素だろう。しかし、これまでの復興政策において、その視点が十分だったとはいいがたい。

地域を開く「共創的復興」を

「背伸びした創造的復興か、身の丈に合った（人口減少を前提とした）縮退型復興か」という二者択一ではない。「身の丈に合った」が過疎の集落を手じまいし、住民を都市部に移住させることを意味するなら、それも人間の復興とは真逆の選択だろう。

都市生活は確かに利便性が高い。しかし、被災者が長年携わった生業や、自分なりの生活スタイルを奪い、親しい隣人らとのつながりを断ち切ることは、その人のアイデンティティを否定することに等しい。「便利な都会で暮らした方が幸せ」というのは都市生活者の価値観の押し付けでしかない。過去の多くの災害で都市への移住を選択した人々の多くもふるさとを離れることに悩み、苦渋の決断をしたはずだ。

利便性や経済合理性だけで物を考える「有識者」には理解できないかも知れないが、便利な都市部から、あえて不便な農山漁村に移住する人もいる。東日本大震災や新潟県中越地震の被災地では、ボランティア活動や災害ツーリズムなどをきっかけに多くの関係人口が生まれ、その一部は移住者にもなって復興を支えている。災害は多くのものを奪うが、同時にさまざまなつながりも生みだす。それを手掛かりに地域を外へ開いていくことも復興の一つの道だろう。

東日本大震災の直後には「絆」という言葉が盛んに叫ばれた。最近は聞くことも少なくなったが、今こそその絆が重要性を増しているように思う。頻発する災害を「自分ごと」として捉え、かかわり合う機運が高まれば、創造的復興でも縮退型復興でもない真の人間の復興、あえて名付けるなら「共創的復興」の可能性が見えてくるのではないだろうか。

（ゆきとも　わたる・農林中金総合研究所客員研究員）

三・一一の教訓から能登の復興を考える

株式会社雨風太陽 代表取締役
高橋 博之

年越しは岩手の花巻にいましたが、能登半島被災の報を知って、条件反射的に、会社に相談せずに、とりあえず行こうと一月四日には金沢に入り、五日に能登の輪島に入って、その後、炊き出しで避難所をまわって、避難所に寝泊まりしながら、気づいたら、四か月が経ってしまいました。

能登の復旧・復興のもつ意味

今回の能登の復興のあり方は、分水嶺になると直感しています。発災直後、被災者の心情も憚らず、政治家や経済界の中からは、被災地は限界集落が多いので、国費を投入してインフラを復旧して復興するのはいかがなものか、効率が悪いので、集約化して移住させたほうがいいのではないかと言い出す人がでてきました。一三年前の東日本大震災のときには、公の立場にある人がこういうことを堂々と言うことはありませんでした。もっとも、霞が関からきた官僚や政治家が酒を飲みながらそういう人はいましたが、それでも、おおっぴらにいう人はいませんでした。

今回、そうした意見が出てきたのは、この国もそれだけ年老いたということでしょう。東日本大震災から一三年たち、その分、過疎化・高齢化が進んだからです。連綿と続いてきた歴史ある集落が日本中の農山漁村にあり、そういう集落とわれわれ社会がどう向き合うのかということに、今回の能登の震災があろうがなかろうが、そろそろ答えを出さなければならないときにきているのではないでしょうか。能登の未来に何を残すかは、日本の未来に何を残すかに直結している問題だと感じています。

復旧・復興にあたって、「合理的な」案に賛成する人たちが年々増えている気がします。たしかに、国もない袖は振れないわけですから、「合理的」ではあり、その理屈もよくわかります。賛同者も非常に増えているような気がします。私は、東日本大震災の時のことを思い出します。手伝いに来てくれたボランティアの人たちとお酒を飲んでいて、こう言います。「東北の津波というのは今に始まったことではなくて、歴史を振り返れば何度も繰り返しているそうだが、それなのになぜまたここで暮らすんですか」と。実に素朴な疑問です。もっと安心な盛岡などに引っ越したほうがいいのではないかと言いますが、彼らに決して悪気はないんです。

財務省も復旧・復興にあたって、コストの話をし始めています。経済効率を最優先すると、コンパクトシティを目指すことになります。集落の文化や伝統などはある程度犠牲にしてでも、コンパクト化を図っていこうということになってきます。すべては、タイムパフォーマンス、コストパフォーマンス第一で、GDPに貢献しないものについては考えないことにする。もし、こういう復旧・復興をしてしまったら、今回が先例になってしまい、今後災害が起きても、過疎地の復興はそれでいいということになっていきます。さらには、災害があろうがなかろうが、平時の農山漁村もそれでいいということなり、そうした積み重ねが未来の日本をつくってしまいます。未来のあり方の分水嶺に、今われわれは立っている。そういうことを、四か月被災地にいて、非常に感じています。

能登の復旧の難しさ

今日、珠洲市に行ってきましたが、まちは閑古鳥が鳴いて、静まり返っていました。まるで能登半島の付け根から切り落とされてしまったかのような静けさに驚きました。東日本大震災のときは、発災から一週間も経ったら、各避難所に支援する人があふれ、重機も入って、日々、復旧が前に進んでいるんだというエネルギーに満ち溢れていました。しかし、能登は今死んでいます。

なぜこんなに静かになってしまったのか。そこにはいろいろな要因がありますが、一つは、自衛隊の幹部が図らずも言ったように、一番起きてほしくないところで起きてしまったということです。

東北の場合、沿岸は津波被害を受けましたが、内陸部の都市は健在で、被災地に通じる無数の道路が通っていたので、そこから支援に入れました。能登は、閉鎖しているという地理的な特性のなか、被災地に向かう唯一の道路がずたずたになりました。そこに、多くのボランティアが集中したため、救急車や自衛隊の車両の通行に支障が出ました。そこで当初、県知事が強い口調で、ボランティアは来県を控えるようにと表明しました。そのときは、そうするよりしょうがなかったのだと思いますが、そのメッセージが今でも尾を引いているようです。最近になって逆に、来てくださいというメッセージを出しましたが、「来るな」という発信は強いイメージをもちます。もっと強い調子で、「来てください」というメッセージを出さないと、なかなかボランティアは来ないでしょう。「能登にいったら迷惑なんでしょ」と未だに言われる始末です。来ているボランティアの人が非難されているという状況もあり、切ない状況です。

また、国民の支援慣れもあるのではないかと思います。阪神淡路大震災のときがボランティア元年といわれ、東北のときにはたくさんのボランティアが来ました。毎年のように、あちこちで災害があるので、今ではボランティアが珍しいことではなくなりました。国民のなかで支援慣れが出てきているような気がしています。

もう一つは、能登の人たちの気質からくるものです。能登の人は非常に奥ゆかしいです。三陸でも、関西からボランティアで来た人たちに、なんでもっと主張しないのかと言われました。三陸以上に奥能登の人たちは奥ゆかしい。その奥ゆかしさがどこからくるのかというと、三陸も能登も自然環境が厳しいので、みんなで力を合わせて生きていくしかなく、自己主張する人は地域から出ていって、残る人は奥ゆかしく我慢強い人ばかりです。はたから見ていて明らかに大丈夫ではないのに、「大丈夫だ」と答えます。

亡くなった人の数で比較はできませんが、死者数でみると、熊本地震に匹敵するような災害でしたが、そのときに比べると、メディアの取り上げが減っていくのが早かったのではないかと感じます。国会での議論も、熊本の時に比べて関心が小さいようです。なぜかと考えてみると。熊本は熊本市という県都が被災し、熊本城というシンボルが崩れ落ちて、経済的なダメージもそれなりに大きかったのです。一方能登は、金沢の背後の一番奥にある、過疎地の一部が被災して、経済的なダメージもそれほど大きくない、という意識がどこかにあるのではないかと思います。発災後、金沢の石川県庁に連絡した霞が関の官僚や国会議員は、「金沢は大丈夫です」といわれたそうです。今回の被災は能登であって金沢ではないという意識です。発災後三か月というのは、国民的な関心が一番高く、多くのボランティアに来てもらえる期間でもあるのですが、そこを取りこぼしてしまったということは非常に大きいです。

東北のとき以上に、能登での復旧復興の難しさを感じています。高齢化率は四九%と高く、集落によっては七四%のところもあります。能登では、江戸時代のむらの単位が今回の避難所範囲とほぼ一致していています。江戸時代のむら集落の相互扶助がまだ残っていて、未だに、「あえのこと」という、農家が田の神様を迎え入れるため、労いとして風呂や食事をふるまう農耕儀礼が残っています。地理的に閉鎖的だったからこそ、そうした伝統が生きているのです。半面、若い人からみるとそれが息苦しく、封建的に感じられてしまうのでしょう。

「自治」に向かう道筋を

私は、まちの「集約化」ということに関して、住民に納得できる説明がどうできるのかを考えてきました。その結果、思いついたのが「自治」です。能登では、電気、水道などのライフラインが寸断されました。珠洲市の水道復旧は二〇％にすぎず、年内に全家庭で復旧するのは難しい状況です。こうしたライフライン全部を整備しなおすには膨大なお金がかかります。東北では、被災者の総意という声のもと、水道がほぼ完全に復旧されました。しかし今、東北の被災地の水道事業がどうなっているかというと、上下水道会計は火の車です。避難先から帰ってこない人もいるので、作ったけれども使われていない水道設備もあります。今では、一般会計からかなりの繰入をして、なんとかやりくりしている状態です。ただでさえ高齢化率が上がって税収が下がっているので、子育てや魅力的なまちづくりに使うお金がなくなります。

能登では、一月中は自衛隊の給水以外と、山の湧き水や井戸水を使っていました。水道がつい最近通ったところも多く、もともと水が湧くところに集落ができていました。そういう場所に人々が集まってきたのです。オフグリッドとまではいきませんが、資源の自給と言えます。そういう取り組みをしていかないと、すべてを復旧・復興すると言っていると、復旧・復興にも「経済合理性」を掲げてくる人たちに対して対抗できません。そのためにも、自治は大事だと思っています。本来、過疎地で自治をするということは、そこにある自然を暮らしの力に変え、それを生業にし、自然の少ない地域の人たちに来てもらってお金を落としてもらう、その源泉です。自治が達成できてきたところに、歴史が生まれてきました。都会では人がつくった世界に人が住んでいますが、田舎は神様がつくった世界に人が住まわせてもらう世界です。ところが、多くの田舎が、「一流の都会」を目指して「三流の都会」化をしてきました。その土地にある自然を暮らしや生業の力にするのではなく、沿線沿いに似たようなチェーン店を並べて、一流の都会の背中を追いかけて、三流の都会になってきました。一流の都会の人が三流の都会にきても、決してお金を落としません。都会の人たちは、都会にない価値が一流の田舎にあるから、わざわざ来て、お金を払ってくれるわけです。グリーン・インフラという言葉が、アメリカやヨーロッパでいわれてきて、世界的な潮流にもなっています。一方、日本ではコンクリート大国で、田中角栄の亡霊がまだ歩いています。

被災者たちのなかにも、それでいいという人たちがいます。しかし、自治を達成するには、能登は老いすぎた。避難所には年寄りしかいません。その人たちだけで自治をするのは、非常に難しいのではないかと思っています。したがって、そこにかかわる人たちをどのように生み出していくのかを考える必要があります。その集落・地域が自分たちの足で立って生きていくうえでは、いろいろなテクノロジー・技術や人手というリソースが必要になります。それらを移住に求めるのではなくて、そういう価値を欲している都市の人たちが、入れ代わり立ち代わりでもいいから、そういうリソースになっていくことを目指さなければいけないと思っています。

地方を守る「関わり」

日本だけではなく世界的にも、巨大な都市に農山漁村から人が吸収されていくという流れがあり、その先頭に日本は立っている。人が地方の集落から都会を目指していくと、自然とともに生活をする暮らしがどんどんこの世界からなくなり、大都会の中で機械のように効率を優先させる生活だけが残っていきます。これは、ユートピアではなくディストピアです。そうではない、自然とともに生きる世界観が、世界とこの日本に残り続けなければなりません。なぜなら、私たち都市住民が学ばなければならないことが、そこにたくさんあるからです。これから高齢化でたいへんなのは、むしろ東京です。行政と民間サービスに依存して、相互扶助のかけらもない都会の人たちが田舎にきたとき、相互扶助というものに触れて、自助と共助の美しさ、素晴らしさから学ぶことが多くあるのです。

また、地球環境の危機が迫り、人類の生存が脅かされる事態になっています。自然とともに成り立っている第一次産業では、採りすぎると次の年にしっぺ返しを食うのがわかっています。銀行でいえば、預金の利子の範囲内でやりくりしていけば、ずっと持続可能で、元本には手を出さないことが大事になります。都会は、いけるところまで行こうというように、際限のない拡張的な合理性を直線的に追求せざるをえなくなっています。いい悪いではなくて、そういう性格をもっているのです。これから、私たちが孫子の代まで社会を永続させていくうえで学ばなければいけないことが、田舎にはたくさんあります。

学校や病院といったインフラを維持できなくなって、町に集まって暮らそうと、みんな集約化しています。そうであれば、自治によって、自然の力を生きる力に変えていけばいい。そのためにはテクノロジーも必要で、そこに、都市の人たちの出番があります。私も含めて、外からきている人たちにとって、能登には日本がなくしてしまったものがまだたくさん残っていると感じています。自然とともに生きてきた、素晴らしい暮らしと文化があります。しかし、能登の若い人たちは「能登にもドン・キホーテは欲しいし、スーパーももっとあって便利なほうがいい。マクドナルドも地元にほしい」といいます。それでも、外から来ている人は「いやいや、能登はそんなことをしてはだめ。能登は一流の田舎だから、自然とともに生きる暮らしを大切にした方がいい」といいます。素晴らしいと思うのなら、移住して地域の担い手になればいいじゃないかということになるものの、私はそうはできません。岩手でもそうでした。素晴らしいと思ってはいるが、実際に移住はできない。これは、ある意味では、文化継承の社会的圧力ではないかと思います。自分たちはやらないけれども、あなたたちは自然を守る側にいてくださいと押し付けている。こうした圧力を受けて、若い人たちも苦しんでいるのではないかと思います。

農林漁業についても同じです。第一次産業は素晴らしい仕事だというけど、ではあなたがやりなさいと言われてもできません。せめて、そういう農村を守りながら暮らしている人たちが作っているものを適正な価格で買おうとしているのか、それもしていません、こういうあり方を問わなければならないと思っています。当事者になれなくても、参加の仕方はあります。ほんとうに、能登の暮らしや文化が素晴らしいと思っているのであれば、主体的にそこに参加していくことが大事です。それは、消費者として、あるいは二地域居住もあるでしょう。どんなかたちでも関わることはできるはずです。

生活の質を高める生産と消費のつながり

江戸時代には、生産と消費がほぼ一致していました。国民の八割は百姓で、自分たちが生きるために必要な食べ物は自分たちで作っていました。明治維新で、日本が近代国家の道を歩み始めると生産と消費が離れ始めました。さらに、大量生産・大量消費・大量廃棄の産業システムの歯車を回し、豊かになっていきました。いい悪いは別にして、これは物質的欠乏の道を最短で埋める方法だったのです。これが肥大化してしまった。トフラーが「第三の波」で、情報化社会になると、モノがもっている情報が価値になると言いました。それを、「プロシューマー」という概念で説明しました。プロデューサー（生産者）とコンシューマー（消費者）を足し合わせて、プロシューマーと言います。私は「食べる通信」や「ポケットマルシェ」などの事業をやってきて、今、プロシューマー・ハピネスを求めている都市住民が非常に多いと感じています。なぜなら、日本はあらゆる分野での供給活動によって、モノがあふれていて、もはや、需要は買い替え需要くらいしかありません。完成された消費社会のなかで、最後に残された需要は、生活の質を高めること以外にありません。極論すると、都会の人は働いてはいるものの生活はしていなくて、稼いだお金で生活を買っているのが消費者です。これまでは、それで豊かになり幸福感を味わえましたが、もうそれでは幸福感を味わえなくなっているのです。

生活の質を高めることは、生活を自らつくる側に主体的に関わっていくことです。つまり、普段食べている食べ物を気にもしていなかったけれども、どこの誰がつくっているのか、その食べ物のルーツに目線を強めることから始まります。能登の五〇〇年続けてきた集落で、Uターンで帰ってきた若者たちがつくっている野菜や魚なんだということを知って食べるようになります。同じものを食べるのでも、意味が違ってきます。そのように、生産とつながった消費が生活の質を高めます。

生産側も同じです。これまでは、農産物をつくって終わりで、どこの誰が食べているかわかりませんでした。どんなに手塩をかけて育てた愛娘でも、嫁に出したら、その嫁ぎ先がわからない、幸せになったかどうかもわからない。しかし、消費者とつながった生産では、嫁ぎ先から「あなたの娘さんは最高です。うちに嫁いでくれてありがとう」と言われ、労働が辛いばかりではなく、自分たちが生産していることの価値と意味に自信をもてるようになってきます。プロシューマー・ハピネスを求める都市住民は、増えることはあっても減ることはないと思っています。そういう人たちが、自ら生活をつくる側に参加していくという欲求は非常にあると思います。

自治による生の奪還

江戸時代まで、むらでは自治が行われていました。生存・生活に必要な条件を整えることを、みんなでやっていたのです。明治維新で近代国家への道を歩み始めて、むらは統治されていきます。納税者として、勤勉に働いて税金を納めてくれれば、国や自治体が面倒をみるので心配するな、ということになりました。そうした「生の国有化」が行われるようになり、そのプロセスのなかで、われわれは、社会的自発性を国家に吸収されてきました。みんなで地域の課題を解決しようという、江戸時代までやってきていたことが国家に吸収されていきました。それが、物質的欠乏の道を最短で埋める道だったのだと思います。今われわれは、生活に必要なものは、企業が大量生産で安価に生産したものを消費者として買います。生活者から消費者、納税者に変化していきました。

江戸時代までは、言うことを聞かない者は殺すというのが、権力行使のやり方でした。しかし明治維新以降の近代国家においては、むしろ、人々の生に積極的に関与していき、そのことによって、集団を効率的に管理するという、いわば「生権力」を行使して、われわれは「官」に監視管理されていきました。今はどうなっているかというと、私は「一億総観客世界」といっています。みんな観客席の上にいて、何か問題があると、「役所がやれ」となります。自分たちの暮らしを主体的につくっていかないで、みんな観客席にいて高みの見物をしています。しかし、観客席の上は楽だが退屈なので、一部の人たちがグランドに降り始めました。その典型的な出来事が阪神淡路大震災のときのボランティアでした。国から頼まれたわけでもないのに、私にも何かできないかといって、たくさんの方が被災地へ支援に向かいました。その三年後に、NPO法案が国会を通過します。

国民のニーズがこれだけ多様化した今、教育面でもいろいろな学校があっていい、福祉にもいろいろなかたちがあっていい。何でも役所にお願いするのではなくて、自分が供給する側にまわろうという、いわばグランドに降りてきたわけです。地方は今、課題のデパートで、生存・生活の条件が脅かされているところが多いので、そこに関係人口としてかかわっていく人が、グランドに降りている人たちだと思っています。国も、三位一体の改革として、自治体は自立しろと言い、自治体も住民が自治をしろと言っています。私はこれを、「国有化された生の奪還」「生権力からの解放」

だと言っています。これは何を意味するかというと、自分たちを人生の主役、生活の主役の座に据えなおすこと、自分たちの人生・地域の舵を自らが握りなおすということだと思います。

日本は世界一の長寿大国になりましたが、その成れの果てが世界一の認知症大国です。つまり、長生きはしたものの、やることがなくて、多くの人が認知症になっている社会です。朝起きて、今日も自分を待ってくれている人がいる、自分の得意なことを活かして、誰かにお陰様でありがとうと言われたら、生きがいになる。今、地域で真っ先に必要なものはたくさんありますが、それを行政だけに任せられません。ひとりひとりが小さなことでもいいから、生存・生活に必要な条件を整える側に回っていくことが必要です。そうすると結果的に行政コストが下がります。しかし、今はその順番が逆になっていて、行政コストを下げるために、自治をやれということになっている。これでは、みんな観客席から降りてきません。私たちひとりひとりに、人生とは何かが問われているのです。

引き籠り状態の都会を救う

過疎は、一九五四年の集団就職列車から始まりました。日本は戦争に負けて、今の能登のような状況が国中に広がっていました。そこから経済復興をしなければならないということで行われたのが、中学校を卒業したばかりの地方の若者たちを運賃免除で列車に乗せ、片道切符で、三大都市圏にベルトコンベアのように送り込むことでした。当時の県と労働省と国鉄とがタッグを組んで、国策として二二年間にわたって行われてきました。これが、世界にジャパン・アズ・ナンバーワンといわしめた、奇跡的な経済成長のバックグラウンドでした。見事に成功しましたが、彼らは地方に帰ってきませんでした。古今東西、国策として二二年間にわたって、地方から若者たちを都市圏に吸い上げ続けてきた国はありません。

これが分断の始まりでした。人口が勝手に増えていく当時は、勝手に生産も消費も増えていくので、大都市に日本のリソースを集中させ、まず都会を豊かにして、地方はその恩恵に預かって日本全体を豊かにしていくという考えは間違ってはいなかったと思います。しかし、今のような人口減少の下、生産も消費も縮小していく時代に、東京への人の一極集中はさまざまな弊害を生んでいます。都会にリソースを集めれば豊かになるという時代は終わり、今後は、リソース配分の価値観を変えなければいけません。これから、日本は定常的に人口が減っていく以上、それを前提条件として、いかに人が減っても社会の活力が維持できるかと考え直さなければなりません。自治体が盛んに移住を叫んでいますが、それは若者たちの奪い合いで、ゼロサムゲームです。われわれ社会全体として考えなければいけないのは、日本人のリソースを都市と地方が同時に使うことで、いわば人材のシェアです。

今、私の右腕として、週末ごとに私の仕事を手伝ってくれている人は、日本航空の社員です。平日は東京の会社で働いていて、週末は能登にきてボランティアとして、得意とする配信などの技術を使ってくれています。彼は、東京と能登の両方で自身のリソースを使っているのです。こういう人がもっと増えればいいのです。

地方も引きこもり状態ですが、都会も同じです。大都市の活力の源は、地方から若者たちが大量に都会にくると、既存の価値観や人々など、常に異質な世界がぶつかりあっていました。だから、衝突も起きるけれどもそこに熱が生まれ、それが活力の源になりました。しかし今、地方から入ってくる若い人たちはかなり減ってしまい、東京も今や引きこもりのような状態です。同じような人だけが集まって考えていても、新しいものは生まれません。異質な世界に飛び込めば当然衝突もあります。しかし、世の中にはこういう生き方をしてきた人もいる、こういう考え方をしている人もいる、そういうふうに、自分の視座が広まり、そのことによって、自分の新しい可能性に気づき、人として成長していきます。地方から入ってくる若い人が減っている以上、都会の人がむしろ地方に通ってくるようになれば、活力の源を取り戻せるのではないかと思っています。養老孟司さんは「逆参勤交代」を言っています。江戸時代の参勤交代は、地方の人が一定期間江戸にきていろいろな文化に触れて、それを地元に持ち帰って、自分の地域を活性化していましたが、これからはその逆です。都市の人が一定期間地方にきて、心身ともにリフレッシュして帰っていくのです。

先ほど、都会というのは際限のない拡張的な合理性を追求する社会と言いましたが、そのように常に管理と評価のまなざしにさらされている人たちのなかから新しいものが生まれるでしょうか。

今、日本は三五年ぶりに株が高値をつけたと大騒ぎしていますが、実は三五年もの間足踏みをしていただけでしょう。なぜ今日本のビジネスから新しいものが生まれないのか。管理と評価のまなざしにさらされ続けて、人々が機械化しているからです。ときどき自然の中に自分の五感を解き放ち、心身ともにリフレッシュして、仕事をしないと、いいものが生まれるわけがありません。テクノロジーで世界を変えたスティーブ・ジョブズが晩年傾倒していたのは禅でした。輪島には、禅寺がありますが、日本の田舎にはそういうものがあり、それに触れることで経済もまともなものになっていくのではないかと考えます。

ヨーロッパでは、一九六〇年代に、労働時間の短縮運動がありました、今の日本でいう働き方改革をすでにその頃から行っていました。そうして自由時間を手にした都市市民が始めたのが農山漁村でのバカンスでした。一週間ほど田舎に行って、創作活動をしたりして気ままに過ごし、収穫体験をし、ワインを飲みながら農家とコミュニケーションする。そうして、心身ともにリフレッシュして、ありがとうとお金を渡して、都会に帰って、生産性の高い仕事をするわけです。今も、ヨーロッパの主だった都市で働いている人たちは、週末には、近場の農場にいって農作業をしています。

日本は敗戦国なので、農村に行ってバカンスをしている場合ではなかったのです。一にも二にも経済復興で、とにかく経済を立て直さなければいけなかったので、寝ずに働いて経済的価値を追い求めてきました。その結果、日本は世界からエコノミック・アニマルと揶揄されました。そこから日本は変わったでしょうか。高度経済成長から安定成長に移行したとき、日本は成熟社会に舵を切らなければいけなかったのですが、舵を切り損ねて、惰性でここまできてしまった。今からでも、成熟社会に向かって舵を切りなおさなければいけないと思っています。

自分を表現することが生きがいに

ドイツのメルケル元首相は、二〇二〇年にこう言いました。「国民の皆さん、文化・芸術はぜいたく品ではありません。人間が生きていくうえで必要不可欠なものです。したがって、ドイツはこれを守ります」日本にこういうことを言いうるリーダーがいたでしょうか。この三年間、文化・芸術は不要・不急だといわんばかりに、アーティストは肩身の狭い思いをしていました。メルケル氏は、文化・芸術は食料と同じだといったのです。私たちは食べなければ生きていけません。決して高尚なものでなくても、自分を表現することは、人間が人間らしく生きていくうえで必要不可欠なもので、これがなければ死ぬということを言ったのです。

今回、能登からは多くの人が広域避難しました。いやだと言っている老人に、このまま避難所にいては感染症にかかる恐れもあるからとにかく避難しなさいと、金沢や加賀の旅館やビジネスホテルに避難させました。三食提供されるし、寝具も整えられるので、これで安心だと考えるのは、都会の人の理屈です。その結果、年寄りにはやることがなくなりました。年寄りたちは、朝起きて輪島の海を見ながら、あるいは目の前の畑にいって作物の面倒をみながら、採れすぎれば近所にもっていって、という具合に、自分を表現する場があったのです。それが奪われ、生きる甲斐がなくなってきたのです。あの人たちは輪島にしかいられなく、それ以外の場所では生きられないのです。五〇〇年、一〇〇〇年間続いてきた集落に暮らしてきて、先祖はまだそこにいると考えています。被災地に行くと、倒壊した自分の家の荷物を取りに行く前に、まず墓を見にいきます。今あるのは、代々つながってきたものを受け取っただけで、その延長線上で生きているだけなんです。海の人は海との暮らしの中、山の人は山の自然とのかかわりの中、隣近所も含めてすべて全体として集落の文化です。そのかかわりの中で生きてきたということは、このかかわりを絶たれると生きていけないのです。

伊勢神宮は三〇年に一度作り直していますが、それは技術を継承するためで、永遠を守るためでもあります、集落では、みんな、七〇年、八〇年でバトンをタッチしてきました、その土地固有の自然に立脚して、精神的・経済的に自立して生きることは唯一無二です。これを永遠に守るために、神宮を三〇年ごとにつくりかえるように、命をつないできたのです。自分を表現して生き、かかわりの中のいる自分を認識できるということは、今の都会にはないものです。だから、都会は孤独で、かかわりを感じられないのが消費社会です。だからこそ、生きるリアリティに飢えている人が多いのです。

二地域居住の実現を目指して

私が今県に提案しているのは、二地域居住の推進です。これまでの地方は、過疎対策として観光と移住しか言ってきませんでした。観光というのは、やらないよりはやったほうがいいのかもしれませんが、お客さんは一回きたらもう来ません。消費されて終わりです。たとえば、岩手県に来ました、冷麺を食べました、平泉で世界遺産をみました、花巻温泉に泊まりました、帰りました。そういう人に、また岩手にきてくれますかと聞いても、来ませんと言うでしょう。次は長崎県だ、北海道だというように消費されていきます。それでは、地域の底力につながりません。では、移住はどうか。もちろん、移住してくれることにこしたことはないけれども、ハードルが高すぎ、なかなか大きな潮流にはなりません。

一方、移住と観光の間に大きな部分としてあるのが、同一地域に定期的に主体的に関わる人たちの存在です。普段の仕事や暮らしの拠点は東京や大阪、名古屋でいい。これから働き方改革がさらに進み、週休三日、リモートワーク、副業やパラレルワークの解禁が世の中で広がっていくでしょう。平日は東京で働き、週末には地方の海岸の清掃ボランティアをしていてもいいと思います。地域の自治会の活動に加わっていてもいい。そういう人が増えていけばいいと思っています。

関係人口と言うと、いかにも漠然としています。漠然とした関係人口の足を地につけさせて、具体的に地域の担い手として、具体的な数を増やしていく最大の切り札は、二重の住民登録だと思います。都市の人が二つの住民票をもって、両方に分散分割納税できるような社会になれば、関係人口の具体的な姿がみえるようになります。政府がオフィシャルに、これからはこういう人も住民ですと認めることとなるわけです。地方の人からは、関係人口とはいっても、この人は最近きて地域や役所の会議にも出てるけど、どうせ東京に帰るんでしょ、とみられていますが、納税もし、政府が住民と認めたら、受け入れる地域の人も、これからはこういう人も地域の住民なんだと思うようになります。今、地方で問題なのは、選挙において投票率の低下より立候補者の不在です。都会でいろいろな経験を積んだ二地域居住者の方が立候補して議員になってもいいでしょう。今よりいい議会になるかもしれません。私は、最終的な本丸はそこだと思っていますが、いきなりそこにはいけないかもしれません。

実はこの議論は、人口の概念を変えることで、住民自治とは何か、自治体とは何かという、これまでの近代国家の、いわばベースを書き換えるような大きなことです。大政奉還とまでは言いませんが、実に大きな変化なので、一足飛びにはいきません。では第一歩は何かというと、それが福島です。福島では早期に広域避難をしました。あのとき、二つの選択肢がありました。避難もとに住民票を残したまま郡山や福島に避難すること、そして、避難先に住民票を移すという二つです。問題は、避難もとに住民票をおいたまま避難先にいくと、住民票がないので行政サービスが受けられないということでした。自治体によっては柔軟に対応してくれたところもありましたが、税金を納めていないのに行政サービスを受けているのはただ乗りではないかという、心無い批判もありました。逆に、住民票を避難先に移した場合、避難もとの復興の主体になりたいのになれないという問題が起きました。このときにも、二重の住民登録の議論もありましたが、早々に総務省が、根本的な議論につながるのを避けたいと考えたのが特例法でした。国が特別に財源を確保し（一人当たり年末に四万二〇〇〇円）、避難もとに住民票を残したまま、避難先で堂々と行政サービスを受けられるようにして、その費用については国が面倒をみるとしました。しかし、避難指示が解除された今、帰れるのだから、住民票のある避難もとに帰るか、避難先に住民票を移すようになると想定していましたが、しなさいと指導しましたが、そううまくいきませんでした。今も多くの人が、避難もとに住民票を残しながら、避難先で生活しています。このことをどう考えればいいか。居住の意思と居住の事実が乖離してしまっている状態です。今回の能登でも、広域避難している人たちがいます。

二地域居住には二つの潮流があります。一つは、災害からの復旧・復興の過程で、被災者への支援策としての二地域居住です。もう一つは、二〇一八年くらいから、地方創生あるいは働き改革の積極的な文脈での二地域居住の議論です。今の国会に、国交省から二地域居住推進の関連法案が提案されています。これは、先ほどいったように、都会の人もライフスタイルが多様化して、働き方も多様化していて、リモートワークもコロナ禍で普及し、東京にこだわる必要もなく、定期的に行ったり来たりする、かつての週末農業や別荘暮らしではなく、もっと普通の人が都市と地方を往来できるようになったらいいのではないか。移住しなければできないことと、週末だけくればできることと、そして月に一回来る人ができることとがあります。その集落や地域にある作業を全部分解して、来てくれるいろいろなタイプの都市住民を当てはめていくと、今の住民だけでは回せないことも回せるようになってきます。このマネジメントも都会の人ができるでしょう。私は、この二つの潮流が重なればいいと思っています。しかし、総務省はそれを非常に恐れているかもしれません。福島から一三年経っているので、能登でその一歩を踏み出せればいいと思っています。

二重の住民票や分散納税は、民主主義の根幹にかかわることです。一票の投票権をどちらで行使するのか、どちらで納税するのかなど、さまざまな議論が必要で、まだ成熟していません。そこに向けた一歩は、石川県で独自の条例を作り、二地域居住者を特定居住者として、それの登録制度をつくることです。ちなみに、特定居住者は今回の法案において国交省で定義しています。石川県の居住者ですという意思表示をし、能登の復興に貢献する人であり、石川県にも拠点があるということが示されれば、県から第二住民票のようなものを渡されて、その人が石川県で生活するうえで、いろいろな優遇策が得られます。交通費への補助やふるさと納税もできるようにすればいいでしょう。こうして、石川県で第一歩を踏み出したらどうかという提案をしているところです。

都市と地方をかきまぜる

そのために私は、都市と地方をかきまぜることを、この一〇年間言い続けています。都市と地方を二者択一にすると、地方は滅びてしまいます。一九五四年から、東京への一極集中は一度も止まったことがありません。二者択一にしてしまうと、東京を選んでしまう人が圧倒的に多いです。しかし本来、一人の人間にとって両方の価値、要素が必要です。地方は人が少なすぎることに起因していることを気にして、さまざまな問題を抱えているから、都会の活力を地方に引き込むことが必要なのです。逆に東京は人が多すぎて人口過密に起因してさまざまな問題を起こしているから、地方のゆとりを取り込めばいい。お互いにいいとこどりをすればいい。これが、「都市と地方をかきまぜる」ことの意味です。

テクノロジーの力でそれが十分に実現できる時代になっています。そうして、主体的に地方に参画する人が増えていけばいい。日本の人口は現在の一億二〇〇〇万人から二〇五〇年には一億人を切るといわれていますが、それも恐れるに足りません。二〇〇〇万人が関係人口として、二つの住民票をもって、都市と地方を行き来すれば、むしろ今の社会より活力は増します。ダイエットと同じではないでしょうか。たとえば体重一三〇キロの人が八〇キロに減ったとしましょう。ある人は毎朝ウォーキングをして、食生活も見直して、健康的に減量に成功し、その人は幸福感が増しています。別の人は、生活習慣病でがんになって、のどを食べ者が通らなくなって、体重が減りました。この人に待ち受けているのは死です。問題なのは、どういうふうに人口が減っていくかであり、今の減り方は、残念ながら後者です。都市とも交わらず、ただただ人が減っていくのでは死に至ります。
和歌山県のすさみ町の町長は、「水を得た魚というのが関係人口」と言っていました。地域のじいちゃん、ばあちゃんは、希望があって夢をもっていても、みんなにもうだめだろうといわれて、あきらめているんです。それを、たとえば都会からきたビジネスマンが、「いや、今はこういう技術があるからできる。やってみましょうよ」といいます。やってみてできるようになったら、それまで干上がっていたばあちゃんが、「水を得た魚」になるんです。逆もあります。東京の会社で干上がっていたビジネスマンが、自分の得意なことを活かして、目の前で困っていたばあちゃんを笑顔にしたということもあります。このように、都市と地方がかきまざりながら人口が減っていけば、どちらも元気になるでしょう。もう、人口減少を嘆くのはやめたいと思っています。江戸時代は三〇〇〇万人の人口で、全国各地に文化が花開いていました。それを失うかどうかの分水嶺が、能登の復旧・復興だと思っていますので、ぜひ、皆さんにも関心を寄せていただきたい。私もしばらくは能登にいようと思っています。

（たかはし　ひろゆき）

〈質　疑〉

―― 現場では、農業生産者からどんな声があがっていますか。

高橋　やはり、担い手不足ですね。能登の農地の九五％は田んぼです。非常に平地が少ないので、棚田が広がっていて、作業に手間がかかります。今、田植えの時期を迎えていますが、今まで作業を担っていた高齢者が広域避難をしているので、人手がありません。どうやって人手を確保するのかが課題になっています。県も農業ボランティアを募集していますが、とてもそれでは足りないでしょう。能登は環境に恵まれているので、震災を契機にいろいろ変えるチャンスでもあります。有機で農業をしているところもけっこうあります。ただ、ボランティアにとっては、金沢から行っても宿泊する場所がないというのが、最大のボトルネックになっています。金沢から輪島・珠洲市にいくのに車で二、三時間はかかります。往復で八時間にもなり、宿泊施設もありません。これも、復旧工事が遅れている原因で、外部からの支援に行っている作業員の人たちも、一時は金沢や高岡、富山から通っていました。土木関係者も働き方改革が進んでいるので、大きな課題です。農業も同じで、外から手伝いに行くといっても、泊まる場所がない。少しずつ、キャンプ場など、ボランティアにきた人が寝泊まりできる場所が整備されていますが、圧倒的に不足している状態です。また、農地もけっこう被害を受けていて、用水路もあちこち壊れていますし、水掛けもけっこう変わっているといっている農家もいました。

――　都会に住む人たちのなかには、地方は昔ながらのままがいいといいますが、二地域居住を実現させていくには、国民全体が、意識を変えていかなければならないと思います。そのためには、まず地域に住む人の意識をかえなければいけないのではないでしょうか。

高橋　これまでも、いろいろな過疎対策が行われてきて、それによって生活環境はよくなりました。上下水道が通って、道路も舗装され、インターネットも通りました。そうした整備にかかる過疎対策のお金は、都会の人たちが稼いだものです。過疎地域が被災して、再び国民の税金で復興することになります。過疎対策でそれまでもお金をかけてきたものの過疎は止まりませんでした。なぜそこにまた税金を使って復興するのかという疑問に、復興する側も答えられないといけないと思っています。国民の税金をまた使って、被災地を復旧・復興させることの意味は、日本の未来にとってここが必要なんだということを説明できるかどうかにかかっています。そこを、三流の都会化してきた地域の人たちに気づけるかどうかです。自分たちだけではそれに気づけないから、都会の人たちと組まなければいけません。石川県のアドバイザリー・ボードの一〇人中九人は県外の人です。外からきた人たちに、あなたたちの一流の田舎は、世界的にみても危機的で、一方、今は都市も病んでいる。病んでいる都市の人たちが、傷を癒せる場所が地方です。これから行き詰る都市にとって、多くの学びを得られる場所がここだ。そういってもらって、なるほどこれからの未来にとって、自分たちは必要だと認識して、復興していくことが大事だと思います。過疎対策はいわば都市が地方に投資してきたことで、都市は地方から回収それは回収しなければいけません。逆に地方は都市に配当しなければいけない。都会で行き詰っている人たちが、たまにきて、そこでワーケーションできたりするために、生活環境を整え、道路や上下水道を整備してきたわけですので、それが投資だったと思えばいいのではないか。これまでは、定年退職した人がそのまま都会にいると医療のお世話になるだけだから、田舎に来れば、都会で培ってきたいろいろな知恵や技術が生かされ、それが生きがいになり、農業で健康寿命をのばすことができる。そうした意味でしか、これまで議論されてきませんでしたが、これからは、現役世代も地方に訪れる機会を増やしていき、そのために、都会の人たちに地方を配当するという気持になれるかどうかが、大事だと思います。

――人口減少への適応策のポイントは自治だという視点には、感銘しました。そこに向かうための手段として、段階的にまずふるさと納税やこだわり消費などからではなく、いきなり二地域居住を目指すことの意味は何でしょうか。

高橋　私は、「北極星」を目指さないと現実的なところにも至らないと思っています。北極星を示すのが、私の社会的な役割だと思っていて、現実的なところを目指すと、そこにしか行けないので、常に高いビジョンを掲げなければいけないと思っています。また、地方に関心が向いたという意味はあったのですが、ふるさと納税のなかには、本来の趣旨から外れたものが多く、返礼品合戦と化しています。ふるさと納税のゴールは何かを考えると、それは個人住民税を複数拠点に分割分散納税できることだと思っています。なぜかというと、社会の現実はどんどん変わってきています。人間が一か所に固定して生きることを前提にして世の中の仕組みができていますが、今はデジタル化、単身化の社会です。単身世帯が四割を超える自治体もでてきたほどです。いろいろな生活パターンができているので、世帯ごとに、住んでいるところをベースに社会政策を提供してくことが時代に合わなくなっているのではないか。東京に一極集中し、地方も過疎という大きな問題がある以上、自治体を、ネットワークを、重視する新しい組織形態に位置づけしなおしたら、今日本が直面しているいろいろな課題の解決の大きな足掛かりになるのではないかと考えています。今回、震災からの復旧・復興の文脈のなかで、高い目標に球を投げられるときだと思いました。おりしも、国会に二地域居住の法案がでていますので、タイミング的にも言わなければいけないときだと思いました。もちろん、ハードルが高いことはわかっていますが、あえて北極星を示しました。

―― 災害リスクを自然的なものと人為的なものに区別して、それぞれへの対策を早急につくるべきだと思いますが、いかがでしょうか。

高橋　こういう社会になって、政治があの通りなので、人為リスクはどうしようもないでしょう。この国民あっての国会議員、この県民あっての県会議員、この市民あっての市町村議会だと思っています。われわれは主権者ですから、主権者として意識して行動しなければなりません。日本の民主主義もそろそろ赤ん坊から成人にならなければいけないでしょう。裁判員制度は司法の民営化で、プロに任せるのではなくて、国民も司法に参加しろということでした。政治も含めて、われわれ主権者である国民をどう育てていくのかというのは、ずっと続いているテーマです。また、リスクについて一番思うのは、日本の最大の今の課題は、ゼロリスクだということです。リスクがゼロなんてありえない。一〇〇年に一度あるかどうかの非日常が津波です。残り九九年と三六四日は、日常です。ゼロリスクだと、一〇〇年に一度の非日常を前提に復興をしようということになります。そして、三陸の海にあの防潮堤という壁ができました。出来上がったら、「刑務所の中を歩いているみたい」「海が見えなくなった」と言っています。そんな安心・安全だけのなまちづくりをしたために、海とのかかわりで育んできた、さまざまな精神的・物質的な文化が貧しくなっていきました。安全・安心なまちはほかにもたくさんあるので、花巻や仙台、東京の方が便利で安心・安全です。だから、みんな出ていくわけです。

大事なのは、日常と非日常のせめぎあいです。たとえば、漁師というのは朝起きて窓開けて海の状態をみて、今日はこういう漁をやろうと決めていました。多少のリスクがあっても、防潮堤は低くていいんです。その代わり、背後に避難路を整備し、家は流されても命は助かるまちづくりをしてもいい。リスクをどこまで引き受けて、自分たちが守りたいものがあるかという、二律背反です。ところが、ゼロリスクにすると、守りたいものがなくなります。とにかく、今の若者は挑戦しない。それは、われわれゼロリスクを盛んに言ってきた大人たちの背中を見ているからです。どうせみんな死ぬ、死ぬということは常にリスクと隣り合わせで、死がいつやってくるかどうかわかりません。しかし、われわれは自然と離れすぎてしまって、死と向き合っていません。明日が来るのが当たり前だと思って生きています。二〇二〇年、イタリアの哲学者ジョルジョ・アガンベンが、「家にいてステイホームをしていたら、ゼロリスク。コロナは人から人へ感染するから。でも、それは人が生きているということになるのか」という問題提起をしました。これは非常に大きな問題提起だったと思います。三年間、この国では集落でのあらゆる祭りが止まりました。祭りは地域にとってとても大事なもので、それをやらないと自分たちの地域ではなくなるのでやるというと、世間から叩かれる余地があります。それでもやるといった地域は一つも出てきませんでした。これが、日本を閉塞感に包み続けている最大の非常に怖いかたちにしている最大の理由です。大谷翔平が大リーグで二刀流に挑戦するといったとき、評論家の多くが批判しました。しかし、彼は生き方として、それをやりたかったんです。リスクを最小化するために、工夫と努力を重ねて実現したからこそ、世界が称賛しているのです。自然のリスクとちゃんと向き合うことが大事で、リスクと恩恵は表裏です。リスクゼロにすればするほど、自然から遠ざかって、自然の恩恵からも遠ざかります。そこが、今の日本で一番気になっているところです。自然災害があると、避難所で整然としている日本人の姿に世界は驚嘆します。なぜかというと、日本人は荒ぶる自然と向き合って生きてきたからです。台風の通り道だし、地震も噴火もあって、それらと折り合いをつけて生きてきたからです。日本人のメンタリティは無常観で、かたちあるものはいつか崩れ、命あるものはいつか朽ちる。だからこそ、自然に感謝して生きてきました。このメンタリティも、都市化によってだいぶ変わってきました。あまりにも自然からかけ離れて暮らしている人が多いので、ゼロリスク信仰になってしまっているのです。

――この四か月、能登ではどんな出会いがありましたか。

高橋　まったくかかわりのないところに来て、とにかく信頼されなければいけないので、最初の一か月は、きた話には全部対応していました。たとえば、女性用の下着がないといわれれば、加賀の農家から借りた二トントラックに、ワコールの下着を七〇着積んで、運んでいました。そうして、人を知り、信頼され、ネットワークをつくることを続けてきました。

私はこれが好きなんですね。東京にいるより、能登にいるほうがよっぽど自分らしくいられます。生きている感じがします。最初は、輪島や珠洲に拠点がなかったので、金沢の知り合いの古民家に間借りをして、輪島との間を毎日往復していたので、肉体的にも大変な時期でした。

（二〇二四・五・八）

参考資料　地震の歴史

発生時期		名　称
1923/9/1	大正12	大正関東地震&津波（M7.9）
1925/5/23	大正14	北但馬地震（M6.8）
1927/3/7	昭和2	北丹後地震（M7.3）
1930/11/26	昭和5	北伊豆地震（M7.3）
1933/3/3	昭和8	昭和三陸地震&大津波（M8.1）
1943/9/10	昭和18	鳥取地震（M7.2）
1944/12/7	昭和19	昭和東南海地震&津波（M7.9）
1945/1/13	昭和20	三河地震（M7.1）
1946/12/21	昭和21	昭和南海地震&津波（M8.0）
1948/6/28	昭和23	福井地震（M7.1）
1983/5/26	昭和58	日本海中部地震&大津波（M7.7）
1993/7/12	平成5	北海道南西沖地震&大津波（M7.8）
1995/1/17	平成7	阪神・淡路大震災（M7.3）
2004/10/23	平成16	新潟県中越地震（M6.8）
2007/7/16	平成19	新潟県中越沖地震（M6.8）
2011/3/11	平成23	東日本大震災（M9.0）
2016/4/14	平成28	熊本地震（M7.3）
2022/3/16	令和4	福島県沖地震
2024/1/1	令和6	能登半島地震（M7.6）

注：気象庁等ホームページより編集部作成

災害復興から語る農山村再生
～二〇〇四年新潟県中越地震の事例から～

公益社団法人中越防災安全推進機構理事・
NPO法人ふるさと回帰支援センター副事務局長
稲垣　文彦

私は新潟県長岡市の出身で、中越地震の前までは、普通のサラリーマンでした。地震の後、災害ボランティアとしてかかわってまいりました。当時、山古志村の長島村長にたいへんお世話になり、全村避難のお手伝いをすることから始まりました。その後、地域復興のための中間支援組織を立ち上げ、過疎集落の復興をサポートするお手伝いをさせていただきました。新潟県が復興基金を活用して地域復興支援員制度をつくり、集落に支援員を配置して人材育成を行うことのお手伝いもしてきました。

実は、その地域復興支援員がモデルとなって、後の地域おこし協力隊の取り組みが始まっています。中越地震の被災地の中山間地域では人口減少が起きましたが、そこに入った多くのボランティアは関係人口になり、あるいは移住するようになりましたので、そうした移住の取り組みにもかかわるようになりました。そんな関係から、三年前にふるさと回帰支援センターにお世話になることになった次第です。

新潟県中越地震の概要

地震前の山古志村は、日本の原風景とも言われていました。そうしたところで、震度七の地震は大きな被害をもたらし、あちこちで山崩れが起きました。山古志村は当時人口二二〇〇人の小さな村でしたが、合併予定の隣の長岡市に全員避難しました。避難所での生活が約二か月、その後、仮設住宅では、山古志以外の地域で短いところで半年、長いところでは三年二か月でした。

新潟県では、二〇〇四年の中越地震（新潟県では「中越大震災」と呼んでいます）の二年半後の二〇〇七年にも中越沖地震がありました。今日は、二〇〇四年の新潟県中越大震災を中心に話をしようと思います。今回の能登半島地震と中越地震を比較してみると、地震の規模（マグニチュード）が大きく違っており、そのため能登の被害が大きかったのだと思います。最大震度七というのは同じですが、災害救助法の適用市町村数をみると、能登のほうがかなり多くなっています。人的被害は、中越地震の場合は関連死六八名でしたが、能登半島地震では直接死だけで二四五名ですが、一〇〇名くらいの間接死の申請があがっているようです。住宅被害については、まだ能登半島地震の被害判定が精査されていないので比較はできませんが、中越地震では一二万棟くらいが被害にあっています。

石川県では今回、「創造的復興プラン」（仮称）が示されていますが、同じように新潟県では復興にあたって「中越大震災復興ビジョン」を示しました。地震の当日にちょうどバトンタッチされた泉田知事が発表した復興ビジョンで特徴的なのは、二つのシナリオを出しているところです。一〇年後のシナリオを示すにあたって、「記録１　「わが国の中山間地の息の根を止めた地震」として歴史に名を刻むことになった」というシナリオと、もうひとつは、「「記録２　中越地震は日本の中山間地を再生・新生をさせた地震」として記録されようとしている」というシナリオです。中山間地の災害復興を目指すものでしたので、良いシナリオと悪いシナリオの両方が示されています。どちらのシナリオを選ぶかを考えるなかで、やはり「記録２」がふさわしいと、被災地がそれに向かって動き出しました。バラ色のビジョンだけを書いたわけではなかったという意味で、たいへん興味深いビジョンだと思います。

二〇〇四年一〇月、山古志村全世帯にアンケート調査を行い（山古志新ビジョン研究会による）、翌年二月に結果を発表しています（回答率八六・八％）。それによると、九二％が村に帰って生活したいという結果でした。これをもとに、「帰ろう山古志へ」というキャッチフレーズができました。このキャッチフレーズの下、国などのさまざまな施策を活用しながら、何とか山に住民を戻そうという取り組みが動き始まりました。その一方で、当時まことしやかに行われたのが、「あんな小さな村に何百億円もかけるのなら、一人一億円ずつ配って山から下りてきてもらえばいいのではないか」という議論でした。山古志をいかに守るのか、「上流」の意味とは何か、そういうことが問われた地震でもありました。

災害とは

災害は社会の歪みを顕わにし、そして潜在的な社会課題を顕在化させます。新潟の中越地震は、農山村の過疎化・高齢化の課題を顕在化したといわれています。山古志村の六集落と小千谷市東山地区の帰村状況をみると、いずれも大変な被害があったことから、五二％となっています。これは、四八％の住民は外に出たということでもあります。集落の人口減少はなだらかに進んできていたなかで、地震によって急激に人口減少が起きました。震災によって二〇年近く過疎化・高齢化の針が速まったともいわれています。そういう意味では、二〇年前に人口減少のトップランナーに躍り出たのが、中越地震の被災地でした。この課題が、復興を目指す中で重くのしかかってきました。これ以降の地震では、ほとんどの被災地がこの問題に悩んでいると思っています。

中越地震からの農山村の復興の歩み

復興の歩みをおおまかに言うと、地震発生→避難所生活・仮設住宅→住宅再建・農地復旧→集落の施設の再建↓コミュニティ再生という具合です。さらに、過疎・高齢化したコミュニティをどうやって活性化するのかという取り組みがあって、その次に、担い手確保です。

応急仮設住宅の入居状況をみると、中越地震の場合、災害入居者が二九三五世帯、九六四九人でした。能登半島地震では、一万三〇〇〇世帯分を供給する計画をしているようです。中越地震では、プレハブ仮設住宅がメインでしたが、今回は三つのパターンが考えられています。一つはプレハブ仮設住宅、次が、アパートの借上げなどに家賃補助をする「みなし仮設」、そして、ある意味で恒久的なものとして、仮設住宅だがそのまま住んでもらえるような住宅があります。前二者は東日本大震災でたくさん活用されましたが、三番目が今回供給される計画です。

中越地震での応急仮設住宅からの退去状況をみると、だいたい二年で退去しています。国も多くの場合、二年が仮設住宅の供給期間だとしていますが、実は三年二か月もかかっている場合もあります。そのほとんどは、山古志村の人たちでした。インフラ、とくに道路が大きな被害に遭ったので、戻りたくても戻れないというなかで、それだけの時間がかかってしまいました。しかし、これでもかなり早く戻れたのではないかと思います。「帰ろう山古志へ」というキャッチフレーズの目標は二年でした。そうでないと、戻る人がいなくなるのではないかと、大急ぎで復興ビジョンをつくりました。少しでも早く戻れるようにと、国交省は国道の直轄工事で道路の復旧にあたりました。能登でも直轄で工事が行われていますが、当時はまだ珍しいことでした。

道路の復旧に時間がかかればかかるほど、戻る人が少なくなります。山古志村全体では震災前の人口二二〇〇人のうち、仮設住宅から村に戻った方は一四〇〇人くらいですから、三五％くらいの人口減少が起きてしまったかたちです。もともと交通が不便で、積雪も三メートルから四メートルあるところだったことから、地震の前から、外に出ようと思っていた人が多かったようです。

村からの転出のハードルも下がっています。中越地震が起きた平成一六年一〇月は、市町村合併の前でした。地震の後半年で合併するタイミングでした。合併前だと、山古志村から長岡市の町中に住むと住所が変わりますが、合併後は同じ市の中で転居するだけなので、ハードルが少し下がったのかもしれません。

中越地震の経験を熊本に伝えようということで、熊本にお邪魔して、お手伝いをさせていただいたことがありました。熊本地震の被災地である御船町で、仮設住宅でどういう住まい方をしたかを聞きました。その結果を分析すると、住まい方によって住宅の再建先が変わってきていることがわかります。御船町のなかにできたプレハブ仮設住宅に入居された方、御船町のなかの借上げアパートで暮らした方、そして町外の仮設住宅に入居された方にわけてみると、御船町内の仮設住宅に暮らす方の九割は御船町の中に住宅を再建されています。町内の借上げアパートに暮らした方の九五％も町内に再建されています。一方、町外の仮設住宅に暮らした方の半分以上が町内には戻ってきませんでした。この結果を聞いた町長さんは、結果がわかっていたら町外に仮設住宅はつくらなかった、といっていました。今能登半島で起きているのは、そういうことではないかと推測できます。

再建の道筋と復興基金

再建にあたっては、まず復興基金施策の整理・分析から始めました。復興基金については、能登でもその設置が検討されていて、政府もその方向で検討しているようです。復興基金が生まれた背景は、次のようなことでした。災害がそのときどきの制度・法令等では解決できない問題を引き起こすこと、個人・生業の損失補償は私有財産の形成につながるとして支援対象から外れることから、一歩踏み込んだ支援として復興基金という手法が編み出されました。中越地震でも、復興基金が生まれています。当時はまだ金利があった時代でしたので、三〇〇〇億円を銀行に貸し付けて二％運用をすると、一年間で六〇億円になり、それを一〇年間運用すれば六〇〇億円の原資ができます。これを復興支援に活用するのです。ただ、東日本大震災以降は金利がない時代ですので、運用ができないため、直接原資を交付するかたちで活用されています。

復興基金のなかにはさまざまな支援メニューがありました。主要三分野のメニューは、被災者の生活支援対策事業、住宅支援対策事業、そして農林水産業支援事業です。なかでも特徴的なのが住宅支援対策事業です。利子補給や雪国住まいづくり支援などの工夫で、住宅という個人私有財産にお金を入れています。そうして、できるだけ個人にお金がいくようにしました。農林水産業支援のなかでも、とくに、手づくり田なおし支援が注目されました。中越地震で被災した中山間地域の棚田は、一か所の復旧をあきらめると、そこから下の棚田は全部だめになってしまいます。できるだけ復旧をあきらめないようにすることが地域の棚田全体にとって大事なのですが、なかなか難しかったのが実情です。農水省の事業を使うと、原型復旧が原則となり、崩れたところにまた盛土をして田んぼをつくらなければなりません。そうすると、設計費だけでもかなりの費用がかかります。個人負担は数％であるものの、全体としてみれば多額の費用がかかります。そこで、復興基金を活用して、崩れたら、元のとおりではなく、それなりの田んぼをつくっていきました。農家や地元の建設業者が自らつくることに支援し、ほとんどの人がこれを活用して、農地を復旧しました。

被災者生活対策支援事業では、地域コミュニティ施設などの再建支援を行いました。中山間地域では、家と仕事が直ればいいという話ではありません。地域には、水路や農道、公民館などいろいろな共同施設があります。しかし、住民の方々は住宅再建で精一杯です。そこで、さまざまなコミュニティ施設を再建するための費用を復興基金から出しました。さらに、被災地域の集落コミュニティの場として永年利用されてきていた鎮守・神社・お堂などの再建にも支援しました。それらの施設はコミュニティ施設だという意義で支援しています。

こうした事業の実績の推移をみると、住宅再建と農地復旧は二〇〇六年度で一段落していることから、二年間でケリをつけているかたちです。事業の実施状況から明らかになった復興プロセスは、やはり住宅再建が先で、その後に農地復旧があって、地域コミュニティ再建となります。地域コミュニティの再建にあたっては、まず地域コミュニティが維持する私有道路などの共有施設の復旧、次に、地域コミュニティの神社・集会所の再建、それから、地域コミュニティの活性化イベントなどの実施、そして、地域の自立的復興のためのプラン策定です。そうして、段階を踏んで集落は再生されていくことが確認できました。その次に、担い手確保です。中越地震の場合、基本的には、避難所での生活は二か月間でした。仮設住宅の供給が終わったのが、クリスマス頃だったと思います。雪が降る前に何とか入居させたいと、県は突貫工事を行いました。そこから、農地の復旧までは約二年かかりました。もっとも、能登半島地震とそのスピードを比較することはできません。

新潟県庁とわれわれ中間支援組織が集落に行って、話を聞いてきました。実は、先ほどの田んぼが直せないという話は、そこから出てきた実態です。それでは、手作り田直しを考えようと始まりました。基本的に、復興基金の事業メニューは、まずはゼロベースとして、現場に行って話を聞いて、優先順位をつけてつくろうとしていました。

中越地震で特徴的な復興基金の運用は三つあります。ひとつは、財団法人の設立で、それによって理事会での決定を受けて、タイムリーな事業導入が可能になりました。議会軽視だといわれるかもしれませんが、議会にかけなくてもいいので、スピード感がでました。それから、ゼロベースからの事業の積み上げができることです。現場に合わせた段階的な事業導入を、現場の話を聞きながらひとつひとつ積み上げていきました。まずは住宅再建、そのあとは生業・コミュニティ施設の再建、そしてコミュニティの再生に入ります。

この三極構造でした。われわれ民間の人間も含めて現場の声を聞いていくなかで、住民の意見が復興基金で実現しています。今までは、要望しても何も動いてくれないだろうという空気感でしたが、行政が動いてくれたのです。それをみて現場の人たちが何を思ったかというと、県が、市町村がここまで頑張ってくれるのなら、自分たちも頑張ろうという雰囲気が出てきました。そうして、住民の間に当事者意識がでてきて、集落再生に非常に大きな影響を与えました。

復興とは人口減少社会での豊かさ探し

中越地震では、復興とは何かついて非常に悩みました。辞書をひくと、「一度衰えたものが再び盛んになること」とありますが、それでもよくわかりません。しかし、「復興感」は何となくわかるのではないかと思います。「復興感」とは、震災前に比べてよくなったなあとか、あのときに戻ったという感覚なのかもしれません。ただ、これもなかなかもてない時代になっていきました。

中越地震では、われわれはどうやったら復興できるかを考えました。そこで、縦軸に人口とＧＤＰをとって横軸に時間をとり、曲線を描いてみました。人口もＧＤＰも右肩上がりできた時代はそう長くはありませんでした。新潟の中山間地域ではなおさらです。趨勢は右肩上がりから右肩下がりへと変化しているのです。一九六四年に新潟地震がありましたが、そのときは震災復興についてはあまり語られていません。発災して、さまざまなものが壊れ、壊れたものを元に復旧させると、その時代には復興感が得られたのでしょう。なぜかというと、経済が成長していて、人口も伸びていたので、世の中が勝手によくなっていっていたからでしょう。地震で工場が壊れたとしても、それまで手狭だった工場をもう少し拡張しようとなりました。その時代は、復旧イコール復旧で、壊れたものを元に戻しさえすれば、復興感が得られた時代でした。これが、二〇〇四年の中越地震以降、変わりました。地震によって壊れたものを元に戻しても、復興したとは感じられず、地震前よりもよくなったという感じがありませんでした。それは人口も減り、経済も覚束ない状況だったからです。震災特需はあるものの、それもほんの一時です。もちろん、人口やＧＤＰも大切な指標ですが、それだけで復興感を測っていたらいつまでも、復興できません。そこで、新たな縦軸を設定すべきではないかという議論がでてきました。右肩上がりの時代には豊かさを数で測れるものでしたが、人口減少時代には豊かさが多様になっています。そこで、復興とは人口減少社会での豊かさ探しではないかと考え、復興を進めてきました。

右肩下がりの時代の復興を考えるとき、災害には顔があると考えるべきだと考えます。目鼻口という要素は同じですが、全体として何となく違うということです。その顔を作る要素は、災害の種類と地域性と時代背景で、それらが合わさって、ひとつと同じ災害はありません。これが、これからの時代の復興の難しさです。阪神淡路大震災は右肩上がりから右肩下がりへの境界だったのかもしれません。神戸空港の建設にあたっての需要予想が大きく下回り、右肩上がりをイメージして建設したものの、実はそうではなかった。右肩下がりの時代の復興を目指して、中越地震ばかりでなく東日本大震災、熊本地震、胆振東部地震、西日本豪雨災害、そして能登半島地震でも悩み続けるのでしょう。

復興感の要因

実は、地震に遭って、集落が人口減少し、しかも高齢化が進んでいるものの、復興したという集落が多く生まれました。その要因を探るために大事なのが、災害によって失うものが二つあるということです。それは何かというと、「損失と喪失」です。損失は、お金をかければ元に戻るもので、たとえば建物や道路で、まったく同じ形には戻らないものの、機能は戻ります。これは、復興の必要条件です。東日本大震災までは、この復興の必要条件、つまり壊れたものを元に戻す力が日本にまだありました。しかし、これから起きるであろう首都直下・南海トラフ地震が起こったとき、この必要条件を満たすだけの国力があるかどうかが不安です。復興の必要条件は、しっかりと国や自治体にやっていただきたい部分で、能登でも、半島の隅々まで頑張っていただきたいと思っています。

損失というのは、お金をかけても元に戻らないもので、たとえば人命や地域の賑わいなどです。これは復興の十分条件になります。中越地震のとき、人口減少の激しかった地域の喪失感は三つでした。一つは、集落の存続です。この集落はなくなってしまうのではないかという感覚です。次が、かつての賑わいです。昔は盆踊りをにぎやかにやったなあということです。もう一つは、人とつながりよる安心感で、とくに女性に顕著です。それは、明確なつながりではなく、たまにお茶を飲みに行く程度のつながりです。こんなことがありました。お母さん方が集落に戻って、こんなお話をしていました。「隣のうちの電気がつかなくなったので、お茶を飲みに行く場所がなくなった」これが喪失感の現れです。われわれはそうならないようにと、いろいろな取り組みをコミュニティ再生事業のなかでやっていきました。この喪失感を埋め合わせないと、集落は元に戻らなく、復興感も得られません。

ビヴァリー・ラファエルという精神医学の研究者が、示唆に富んだ論考を発表しています。「災害の直接的または二次的な結果として起こりうる喪失には多種多様な様態があり、もっとも強度の悲嘆と苦悩は、当人にとって大切な人間の喪失によってもたらされ、自分のアイデンティティを象徴する家の喪失、近隣や地域社会の喪失、それに職場、農地、仕事、生計の喪失も壊滅的な打撃となりえ、更にデリケートな喪失として、自尊心やアイデンティティの喪失、未来への希望の喪失、さらに死に対する無邪気な気持ちの喪失、自分だけは大丈夫という気持と自分を守ってくれるはずの力に対する喪失があり、災害のもたらす喪失は、たいていは複雑に絡み合っている」と指摘しています。「自分を守ってくれるはずの力に対する喪失」については、福島の方がこうおっしゃっていました。「最後は国が守ってくれると思っていた」と。これが喪失したのです。

この喪失をどう埋め合わせるかについても、示唆に富んだことを言ってくれています。「人的・物的な喪失を受けた者にとって、とりわけ大切なのは他者からの支援であり、喪失体験を克服するために、自ら積極的な行動（たとえば、復興のための委員会その他組織による再建活動）を起こすことで統御しようと試みる者、喪失体験の克服と解消への努力が、他者のための援助者として役割を果たす者もいる」と指摘しています。端的に言うと、他者の支援が大事だということです。もう一つは、被災者自らが何か動き出すことで、これらが、喪失感を何とか軽くすることがわかります。その意味で危惧しているのは、能登半島でボランティアが少ないことです。能登では、他者からの支援がもっと受けられるときに、それが受けられていないという事実が起きているのかもしれません。もっとも、そうしたなかで立ち上がっている皆さんも大勢いますので、希望はあります。

被災地における一〇年間の復興感の分析

中越地震の一〇年後に行った複数住民に対するヒアリング調査の結果をみると、全体や中間層が減少したところは、コミュニティ再生など集落自治機構を改革する志向があり、高齢者の減少集落では、外部との交流を志向していました。その意味でも、今回発表された石川県の総合的復興プランのなかでは関係人口が強調されていますが、それは的を射たことだと思います。調査結果からさらに、人口減少によって地域が何を喪失していたのかを推測すると、前者は集落の存続可能性であり、後者はかつての集落の賑わいだったと考えられます。この喪失感を補うために、前者は集落もしくは地区の自治機構の改革を志向し、後者は外部との交流を志向していました。これがうまく進んだかどうかが、地域の復興感の質の高低差を生み出していた要因だと考えられます。

長岡市の旧川口町の事例

長岡市川口町に木沢集落という小さな集落があります。川口町の端の山の上にある集落で、四メートルを超える積雪があるところです。山からは、魚沼などの平野が見えて、たいへんきれいな景色があるところです。ここが地震でかなりの被害を受け、当時五〇世帯あった集落が三〇世帯ぐらいに一気に減ってしまいました。とくに子どものいる家庭が離れてしまい、地域の集落がかなり落ち込んでいました。ヒアリングをすると、「隣の家に電気が点かなくなった」「お茶を飲みに行く場所がなくなった」「最近はダンプも通らなくなった」、これらが喪失感の現れです。それらの言葉の枕詞が「震災のせいで」でした。震災直後、戻ってきて二年目、三年目くらいのことでした。

そこに、大学生のボランティアたちがきてくれました。避難所や仮設住宅と違って、実は、集落に戻ると、お手伝いすることはあまり多くはありません。新潟県の中山間地域の住民は自分たちで、住宅も建てられますし、田んぼもつくれます。役場に通じる道が崩落したときに、手持ちの重機を使って自分たちで道路を作り直しました。こんなところに大学生がきても、あまりやることがありません。しかし、大学生は帰らずに、畑仕事を教えてもらうことを希望しました。そこで、集落の真ん中に畑を借りさせて、そこで作業をさせました。彼らがへっぴり腰で作業を始めても、一日目は誰も見向きもしませんでした。三日目になると、とうとう見るに見かねた集落の人が集まってきて、作業を教えてくれるようになりました。そのうち、学生がこんなことを言いました。「稲に花が咲くんですね」「この集落での体験は、毎日、宝箱をあけるようだ」それを聞いて、農作業を教えていた高齢者が嘆いていました。「東京大学では田んぼの作り方を教えないのか。この日本はどうなるのか」。そういう交流が少しずつ住民の意識を変えていきます。

農作業をやって、のどが渇けば家に上がってお茶でも飲んでいきなさいとなります。お茶には野沢菜やゼンマイ、たくあんなどがでてきますが、それらを珍しがって、大学生は喜んで食べます。こんなことをしているうちに、集落の住民は、自分たちの集落はまんざら悪いところではないのではないかと思うようになります。そのうち、自分たちの集落を、外の人たちが素晴らしいといってくれるのだから、自分たちで何とかしようと立ち上がっていきます。そして、住民が主体的に集落の活動をしていきました。

学生と住民との交流のなかで、集落の人たちが自らつくった「復興の誓い」を紹介しましょう。「負けるもんか、の誓いです。木沢復興七か条。一　木沢にしかできないことにこだわる　二　木沢らしさを楽しむ　三　木沢らしさを伝える　四　みんなでやる　五　収入をえられるようにする　六　よその人や、何度も来てくれる人を温かい気持ちで迎える　七　適切な情報を発信する」、これを住民自らが考えだして、公民館に張り出しました。そして、廃校の小学校を利活用した民泊施設をつくり、住民の皆さんが運営しました。地域のお母さん方が料理上手だったので、木沢の郷土料理を提供して、今、コロナで苦戦しているものの、年間数千人の人が来ていました。

最初は、「震災のせいで」と言っていた人が、大学生と一年、二年とかかわるなかで、「震災のおかげで」と変わってきました。「震災のおかげで、血のつながっていない孫ができた」「震災のおかげで、東大の赤門の前で写真が撮れた」「震災のおかげで、ラインをするようになった」そうして、いろいろな取り組みをしながら、集落の方々が元気なっていきました。

人口も減り、過疎・高齢化も進んだが「復興した」

震災後一〇年経ったときに、新潟県と一緒にアンケート調査を行いました。われわれは、あくまで集落の復興を目標にしていましたので、そこに向けて全集落へのアンケート調査を行いました。集落が復興した部分は何かを聞いたところ、コミュニティへの施策や復興支援の施策が効果をあげていて、○をつけた項目がけっこう多く出てきました。さらに本音を聞くために現地でのインタビューも行いました。集落はかつての五〇世帯から三〇世帯以下に減りました。一〇年経つと自然減もありますので、人口減少は相変わらず止まっていません。過疎・高齢化の動きも止まっていません。でも、ある区長に「復興しましたか」と聞いたところ、「復興した」と答えました。人口も減り、過疎・高齢化も進んでいるのに、なぜでしょうか。その問いに、こう答えました。「震災前は、俺たちは孤独だった。震災後は孤独ではなくなった。だから復興したんだ」復興の物差しが自分たちでつくれるようになったのです。人口が減って、高齢化が進んで、よそ地域に比べればだめだということなのでしょうが、いやいやここにはいろんな人が来てくれて、交流して賑わいができている。そこに復興の軸ができているのです。そうした魅力があって、関係人口や移住者がその後も来るようになってきました。実はこれは木沢集落だけではなくて、中越のかなりの集落で同じような結果がでています。人口減少や高齢化の話はまだまだ解決できていませんし、山古志村は、二二〇〇人だった人口が今では八〇〇人くらいですが、NFT（複製されにくくなったデジタルデータ）を活用した「デジタル村民」に取り組んでいます。現実の村民だけでなく、デジタルでお手伝いいただける村民をつくって、町を運営していこうということにチャレンジしています。そのなかで、住民主体の取り組みを行っています。

中越地震の事例をご紹介をいたしましたが、これは二〇年前の話です。中越地震があったとき六〇代、七〇代の方々が集落再生の中心になっていましたが、二〇年経つと八〇代になっています。中越でできた取り組みが、今どこでもできるとは言えないと思います。そういう意味で、中越から二〇年後の能登の復興のこれからの歩みをどうわれわれが理解をして、全国の皆さんがどうサポートして復興を進めていくのかが試されているのではないかと思っています。それは同時に、日本の未来が試されているのです。肉体の壊死は周辺から徐々に真ん中へと侵食していきます。中山間地域という端での循環をこれからも継続して持続させる、その循環には、人の循環もあるし、経済の循環もあるでしょう。さまざまな循環が能登の端までしっかりとできるような状態にしていくことがこれから非常に大事だと思います。それをあきらめたら、日本そのものをあきらめることになるでしょう。

（いながき　ふみひこ）

〈質　疑〉

―― ボランティアなど外からくる人たちと、地元住民、そして行政とをうまく結びつけるにはどうしたらいいのでしょうか。

稲垣　中越地震で上手くいった第一は、阪神淡路大震災のように注目されなかったことです。当初は、ボランティアの方がたくさん来ましたが、しばらく経つとほとんど来ませんでした。仮設住宅までの支援はボランティアが担うという概念はありましたが、それ以降のまちづくりにボランティアがかかわるということは、神戸では都市計画などにおいてまちづくりを議論することはあったものの、中越ではほとんどありませんでした。実は、われわれも当初はそこまでやろうとは思っていませんでしたが、集落にいくと、みんな下を向いて「たいへんだ」と言っているのです。われわれとしては、そこにサポートをしていくことにしました。新潟県や市町村は「損失」を補うことまではできますが、落ち込んだ住民をどうサポートするかまではモデルがなかったので、どうしたらいいかわからなかったというのが正直なところだったのではないでしょうか。そのなかで、われわれボランティアが先行していろいろなところに入っていって、交流をして元気になってきているということがわかってきました。実は、大学の先生もボランティアにも、そんなにタレントはいませんでした。お互いに議論しながら、自ずからむすびついていって、自然発生的にみんなが協働していきました。ただ、ありがたかったのは、泉田知事が、現場が大事だと言っていたことです。復興基金という手段は、普通に考えればありえないことです。普通、六〇〇億円ものお金をどうやって出すかというと、まず行政が農地などに対して査定をかけます。それを積み上げて、国に要請して、総務省が調整して、国庫金を出すという流れです。普通の行政であれば、積み上げたメニューのなかで使います。そのメニューはいわば仮説であって、それを泉田知事はいったんご破算にしました。全部、現場に行って話を聞いてくるようにと言ったのです。そこから、県のみんなが現場に入って、話を聞いていきました。最初、県庁は仮設住宅に入っていき、そのあと、集落の復興の段階に入っていきました。当時、震災復興の課長としてキーパーソンだった方が、こんなことを言っていました。「県庁の机に向かっているだけでは、答えは見つからない」そんななかで、被災者のニーズの聞き取りと基金の事業化について、次のように言っています。「平成一七年の年明けに震災復興支援課が立ち上がりましたが、雪解けとともに生活再建に向けて動き出した辺りが本当のスタートだったと思います。被災地で開催した様々な座談会は、県がそこまでやるのかとも思われましたが、被災者のニーズを聞いて復興基金で事業化しようという止むに止まれぬ気持ちがありました。また、事業化によって、現場で対応している市町村担当者が動けるような武器を作って支援したいという発想もありました。結果として対立しがちな被災者と市町村の間に立ったことで、その中から色々なニーズを聞くことができ、その後の取り組みのベースになったと思います」「知事は、最後の一人の住宅再建が終わるまで復興施策は打たないと言っていた」これが特徴的です。

余計なことはやらない。東日本大震災では、住宅再建をやりながら、復興のメモリアル施設などいろいろなことを同時にやっていきました。しかし、中越ではそういうことはやりませんでした。先の担当者も「仮設住宅からの退去が進んで「さあ復興」という時期になっても何をやっていいかわからない状態でした。そこで、集落再生支援チームを作り、いくつかのモデルを出し集落を決めて継続的に通うことにしました。「とにかく話を聞いてこい」「リーダーになっている人を見つけてこい」という二つの指示だけを出してチームを送り出しました。「こうなれば復興だ」という考えを捨て、まずは皆さんがやりたいことをやってもらおうと思ったのです。復興自体がまだよくわからなかったので、まずは走れるところに走ってもらう、トップランナーが走るための支援事業を作ろうと考えました」と述懐しています。すごく重い言葉で、県が「復興がわからない」と言っていたんです。当時われわれも議論していたのは、中山間地域対策は負け続けてきたので、これまでのようなことをやっていてはだめだということでした。現場で話を聞いて、チャレンジするしかないということです。そうして、民間も県も市町村も開き直り、集落再生支援チームをつくって、県庁・市町村・民間が入って、いろいろな話を聞いていったら、「棚田が復旧できない」「神社が倒れているが何とかできないか」といった話が出てきました。「祭りを復活させたいが太鼓が壊れた」ということまで事業メニュー化しながら、これから復興計画をつくるにあたってみんな知恵を出してくれということになりました。そういう意味では、その時々の現場に、行政と民間、被災者みんなが向き合っていて、議論をしっかりやっていったことが、協働・協調していったことの基だったと思っています。「復興がわからない」ということが大きなポイントだったと思います。

――東日本大震災では、「これが復興だ」と国がすべて決めてしまって、いざやってみたら、実はそんなニーズはなかったということもあるようです。中越ではうまくいったのに、なぜそうなってしまったのでしょうか。

稲垣　国が出てきすぎたのだと思います。復興のための材料はしっかり確保しなければなりませんが、やはり地元は大事です。東日本大震災は非常に多様で、しかも時間との闘いもあったでしょうから、難しさはあったと思います。しかし、もっといろいろな取り組みはできたのかもしれません。中越地震は、そういう意味で、いろいろなタイミングと規模感が絶妙だったのです。地震の翌年三月に合併がありました。山古志村では復興計画をつくって、長岡市に飲み込ませました。復興計画の予算建てなどいろいろな設計は、山古志村の職員だけではできなかったでしょう。長岡市という大きな自治体だからこそできたのです。もう一つが、泉田知事の存在です。その前の平山知事から泉田知事へのバトンタッチが、おそらく一〇月二四日だったのではないかと思います。地震の後です。これも絶妙なタイミングで、泉田知事は地震対応に集中できました。知事は復興にあたって、「ホールケーキを四人で分けるとき、日本では平等に四分割するが、アメリカでは順番に欲しいだけ切っていく。しかし、次の人のことを考えれば、必ず残り、残ればまた分ければいい」という寓話を例にあげました。そういう「平等性」をもとに復興基金を運用していったと言っていました。そういうなかで、いろいろな歯車がかみ合ったのが中越地震の復興だったのではないかと思っています。それをサポートしていた学者は、長岡技術科学大学、長岡造形大学など地元の研究者たちでした。大学に災害の研究者がいたということも大きかった。

――日本はこれまで大きな災害に遭い、そこからの復興を経験してきていますが、そうした経験はどこまで生かされているのでしょうか。それが生かされる仕組みはできているのでしょうか。

稲垣　経験を通じて積み上げてきた部分があると思いたいのですが、なかなかそうなっていない面もあるかもしれません。各都道府県や組織のなかでは、それなりに蓄積されているのかもしれませんが、全体の仕組みとしてはないでしょう。復興庁自体も、今は、東日本大震災対応のものでしかありません。国として、過去の教訓を集めておくことも必要でしょう。しかし、震災そのものは過去とは違ったかたちで起きてしまうので、過去の教訓がそのまま活きるかというと、そうでもないのではないかとも思っています。

――　せっかくボランティアの人たちが集まっても、被災地で十分に活動できない状況もあるようです。受け入れ体制に問題はないのでしょうか。

稲垣　ボランティアの活用に関しては、過去の例からいろいろな知見が積み上がってきています。全国にいろいろなネットワーク組織ができていて、そこに各種団体が連携する仕組みもできていました。しかし、今回の能登では、交通路の関係で被災地まで行けなくて、スタートダッシュが切れませんでした。現地にいくと、ボリューム感のあるボランティアはまだ動けてはいなかったものの、各被災地の拠点にはさまざまな民間団体の方々がキーパーソンとして入っていました。これがいわゆる関係人口の方たちでした。二〇〇七年三月にも能登半島地震が起きていて、その前にも地震がありました。そこでの地域の外からの支援の方々が、ある意味で地域の関係人口になっていました。彼らが、震災直後に自分に関係のある地域に何とか入っていって、そこで活動をしていて、それが機能していました。それでも、ある程度ボリューム感があるボランティアはまだ入れてはいないという事実はあるので、今、石川県庁は外部からの人の宿泊施設の確保を検討しているようです。輪島の黒島地区での様子をみると、地域の中心となっている方々は移住者です。輪島の暮らしや町が好きで移住してきた人たちが地元の住民と一緒になって、集落を何とかしようという取り組みをしていました。それを見ると、今までの地方創生の文脈が今効いてきていることも確かです。ボランティアというのは災害があってから行くのですが、実はその前から地域とのかかわりをもって、地域づくりに参加している方々が、その関係のなかで地域に入っていくという事象が、今生まれているようです。その意味では、新しい段階に入っていると言えるかもしれません。また、復旧から復興へという長いスパンでボランティアが活躍しているのは世界でも日本ぐらいで、台湾以外の多くの国では、主に応急復旧で、避難所や仮設住宅の部分での活動が多いようです。

――やはり、知事などトップの人の考えや姿勢が復興に影響を与えるのではないですか。

稲垣　私は、山古志村の当時の長島村長の近くにいました。長島村長は「支援を断るな」と言っていました。全国からの支援を断るなということです。村の二二〇〇人の人口に分けられないような支援物資も来ますが、普通なら、平等に分けられないと言ってと断ります。そこは知恵を出して、すべての支援を受けるようにしました。五〇人ちょっとの行政職員と二二〇〇人の人口で、この災害を乗り切れるはずがないということです。皆さん方の支援をしっかり受け止めて、村を何とかするしかない。アメリカからアルパカが送られてきたことがありました。今では、「株式会社山古志アルパカ村」という組織をつくって、村の元職員が社長になり、観光客が来て道路が渋滞するまでになっています。ビジネスとして成功していますし、交流人口も増えています。

もう一つ、長島村長が言っていたのが、コミュニティを大切にしろということです。これは、神戸の人にも言われました。神戸ではコミュニティを崩してしまったと言っていました。また、住民の力を信じろということも言われていました。われわれがコミュニティ再生に際して取り組んだのは、住民の力を引き出す支援でした。もともと持っていた力を引き出すのです。あるおばあちゃんが、郷土料理が美味しいと聞くと、四人のおばあちゃんたちが出資して農家レストランを立ち上げました。おばあちゃんたちはこんなことを言っていました。「全国からこんなに支援を受けたので、恩返しをしたい。ただ、私たちにはお金もないし力もないし知恵もない。だけど、郷土料理を作るくらいはできるので、それで恩返しをしたい」、そういう心意気のある方が大勢生まれました。山古志村は、人口は減ったものの皆元気になったというのはそういうことだろうと思っています。もともと、地域や人には力があり、それを信じてやっていくことが非常に大事だと思っています。

―― 能登での第一次避難場所が金沢や富山などに散っているので、今までのご近所さんが帰村について話し合う場がなくなり、合意形成がしにくくなっているのではないでしょうか。

稲垣　コミュニティについても、中越地震では絶妙な規模感だったと思います。山古志村は電気も水道もずたずたになり、それを見た村長は、「これは、ここにいたら、冬が越せない」

と感じ、全村避難を決断しました。被害が軽かったところはそれに反対しましたが、村民まとまっていこうではないかということで、全員がヘリコプターで合併予定の長岡市に入りました。長岡市の小学校の避難所は長岡市民で埋まっていましたので、普通は開放をしていない県立高校の体育館を避難所とし、そこでコミュニティを維持するかたちで避難ができました。当初は、ヘリコプターから降りた順番で避難所に入っていったのですが、集落がばらばらに避難所に入ってしまったので、顔がわからない人もいて、コミュニケーションがうまくいかないということがありました。集落の被害程度が異なっていましたので、被害の軽い集落の人は早く戻してくれと言いますし、被害の大きい集落の人は途方に暮れています。そういうなかで、避難所での会話が成り立たなくなってきました。そこで、震災後二週間後くらいに、避難所の大移動を行い、コミュニティ単位に変えました。そうしたら、物事がスムーズに回るようになり、自立的に行動できるようになって、役場の職員も離れることができました。そうして、避難所で今後の集落の話や戻る時期についても議論できるようになり、集落単位で仮設住宅に入ることになりました。できるだけ、隣だったところは隣同士になるようにして、一人世帯の隣には、近所の大家族が住むようにも配置しました。診療所、郵便局も開設し、床屋、美容院の営業許可もとりました。そうして、できるだけ、山古志のコミュニティをそのままつくるようにして、そのなかで集落単位で常に議論ができるようにしました。いろいろな人の話を聞いて、議論をしながら結論を出すことが大事です。全く議論をせずに単独で決断をするのとは、その後の復興感が違ってきます。そういう意味では、今の能登がそういう状況になっていないのが気になります。ただ、中越の場合とは規模感が違い、珠洲、輪島、能登がかなり被災していますので、そこだけでも二万人くらいは避難しているのだろうと思います。それだけの規模の避難住民をコミュニティ単位で受け入れるのはかなり難しいかもしれません。しかし、何か知恵があるかもしれません。できるだけ仮設住宅をつくる方向に県が動いているので、そのなかで、これまで手がつかなかったところにも手が回ることもあるのではないでしょうか。

（二〇二四・五・二一）

珠洲市狼煙町の被災体験

珠洲市特定地域づくり事業協同組合事務局
馬場　千遥

私は、発災当時からずっと珠洲市にいましたので、現地で何が起こっていて、今どうなっているかということを知ってもらいたいと思います。

私は奈良県奈良市の生まれで、もともと、珠洲市と縁があったわけではありません。金沢大学で、実習で珠洲市に一〇日間ぐらい滞在したことがあった程度です。同時に、長野県木島平村とは実習で縁ができ、卒業後は同村で地域おこし協力隊に参加していました。その後、縁があって、五年前に珠洲市に移住して、移住担当の協力隊として四年間、移住者受け入れの仕事をしてきて、昨年度からは特定地域づくり事業協同組合の事務担当をしています。

特定地域づくり事業協同組合の試み

最近、特定地域づくり事業協同組合をつくって、移住者の流れを呼び込もうとする取り組みがいろいろな地域でみられるようになりました。これは総務省の事業で、人手は足りないが忙しい時期が限定されている仕事があるのだが、通年で人を雇うほどの体力はないといった受け入れ地域の課題に応えるもので、移住者側の移住先での仕事の要望などのニーズとマッチングさせるものです。珠洲市内の事業所で組合をつくり、そこで移住者を雇って、事業所に年間二か所以上派遣することで、移住者を雇用して仕事をつくります。北陸では初めて珠洲市で二〇二二年に設立されました。

珠洲市では、この取り組みがうまくいっているほうで、一四事業所が加入しています。業種には、農業、林業、飲食店、酒蔵、宿泊業などがあり、なかには、引退競走馬を受け入れている牧場もあります。地震前には九人の移住者がおり、いずれも、二〇歳代から三〇歳代です。たとえば、Aさんは、四月から九月は農業、一〇月から冬の間は酒造りにあたってもらいます。またTさんは、年間を通じて、週三日は宿泊業で清掃や接客をして、二日は製炭業の事務をします。このようにマルチワーカーとして雇用されています。

今回の地震では、発災時が正月だったので、派遣先がサービス業が多かったこともあって、半分くらいのマルチワーカーが働いている最中に被災しました。地震直後はまだ電波が通っていたので連絡がとれ、全員の安否確認はとれていました。しかしすぐに事務局員が孤立してしまい、各ワーカーの世話が数日間できなくなってしまいました。ワーカーの人たちは、派遣先の人に助けてもらいながら、なんとか避難生活を送っていました。しかし、あまりにも被害が大きかったので、ほとんどの事業所が事業を中断せざるをえない状況になりました。もっとも、牧場など動物を相手にする仕事は中断できなかったので、なんとか続けていたような状況でした。

そんな状況でしたので、一月から三月の間、事業組合の派遣事業は休業せざるをえず、ほとんどのマルチワーカーには、実家など安全なところに帰るように指示しました。その間は、雇用調整助成金などを活用して休業手当を支払いました。一月末には、対応について役員と事務局で議論し、オンラインで皆に方針を伝えて、四月からの再開時に戻ってきてくれるかどうかの確認をしました。その結果、九人のうち五人が退職することになり、四人が残ってくれました。この四月から派遣事業が無事再開でき、それまでの四人に加え、六月から一人加わり、五人のマルチワーカーで派遣事業を行っています。

発災直後の様子

石川県珠洲市は能登半島の先端に位置し、地震前の人口は約一万二千人でした。珠洲市内には一〇の地区がありますが、富山湾側の海岸沿いの内浦と、輪島市側の日本海側の外浦とに分けられます。気候風土、人々の暮らしぶりがまったく異なります。地区の中心部にスーパーや病院が集まっていて、ほとんどの人が毎日そうした中心地区に足を運んで生活をしていました。珠洲市のなかでも、被害状況はさまざまで、とくに被害が大きかったのが津波に襲われた三崎町寺家や宝立町春日野地区などで、ほとんどの建物が潰れたのが正院・蛸島地区です。外浦の輪島市に近い大谷地区では土砂崩れがひどく、今でも通行できないところがあります。今日お話させていただくのは、半島の先端部にある、日置地区の狼煙町（のろしまち）というところです。

日置地区は珠洲市の地区のなかでも最も小さいところで、そこには六つの集落があります。狼煙町は、約五〇世帯、人口は約一〇〇人の集落です。半島先端の禄剛崎（ろっこうさき）灯台は観光地としても有名です。この辺りの沖は昔から海上交通の難所だったこともあり、灯台代わりに狼煙をあげていたところから、こうした地名がついたといわれています。私は、珠洲市に移住して最初の一年半くらいは別のところにいましたが、狼煙町に三年前から暮らしています。

発災当時、狼煙町では地区の新年会の真っ最中でした。珠洲市では昨年五月にも大きな地震があり、今回の一回目の地震ではそれほどの驚きはありませんでした。揺れが収まると、各自が家に戻って様子を見にいこうとしていました。そのとき、大きな二回目の地震（震度七）が襲いました。このときの揺れはすさまじく、私は集会所の外にいましたが、建物が大きく揺れているのが見え、地面が割れていきました。皆、すぐに、津波を避けるため高台に避難をし始めました。毎年避難訓練をしていただけに、おおむねその通りの避難行動ができたように思います。

私は山間にある運動公園に避難していましたが、すぐに暗くなって、電気も通じず、まったく情報がわからない状況になりました。別のところに避難していた区長から連絡があって、津波はもう来ないようなので、今日は丘の下の道の駅の駐車場で車中泊をしたらどうかと提案がありました。まだ津波警報はでていたので、このまま高台の避難場所で様子をみるという人もいました。区長がすぐに、狼煙町の人の安否確認をすると、ひとりのおばあちゃんが家に取り残されていることが判明しました。そこで、みんなで崩壊した家の中で奇跡的に残っていた空間にいたおばあちゃんを助け出しました。ほかの人は全員無事でした。その日の夜は真っ暗で、被害状況もわからず、私も道の駅の駐車場で車中泊をしました。

狼煙町地区はだいたい一〇〇人くらいの集落ですが、お正月で帰省している人や観光客もいて、全部で一四〇人くらいが避難していたようです。その日の夜一二時には、すべての携帯電話の電波がつながらなくなって、まったく情報が入らなくなりました。唯一の情報源が車のラジオでしたが、それでも「輪島が燃えているらしい」という情報しかありません。地区から出ることもできず、余震も続き、とても不安な夜を過ごしました。夜が明けて明るくなって町のなかを歩いてみて、被害の大きさがわかってきました。津波は家の中までは入ってきてはいなかったのですが、地区の半分くらいの家が完全につぶれていました。数隻の漁船が沈んでいるのも見えました。

能登には、伝統的なキリコ祭というのがありますが、その山車を保管している倉庫ごと潰れてしまいました。そこいらじゅうで、津波に船が押し寄せられていたり、アスファルトがめくれ上がってしまっていたり、土砂崩れがあったりして、車での移動が難しい状況でした。港が隆起したと報道で伝えられていますが、現地では最初はわかりませんでした。なぜこんなに潮が引いているのだろう、また津波が来るのかも、と思っていたほどでした。数日後に報道で隆起していることが知らされました。海が浅くなってしまって、船が出られません。狼煙の漁港で、一・五メートルくらい隆起しているようです。

狼煙町の人たちは普段は、山側か海沿いの道を通って市街地に行くのですが、どの道も落石や地割れがあって、市街地方面には出られませんでした。指定避難所の公民館には防災倉庫があり、そこにはいろいろな備品や水がありますが、そこまでも行けないという状況になってしまいました。助けがくるまでは、町内でなんとかしなければなりませんが、電気も電波も届かないので、当然助けを呼ぶこともできませんでした。

しかし、何とかなってしまった、というのが田舎の力強いところです。ちょうどお正月だったので、食べ物の備蓄、しかも豪華な食べ物が各家にあり、なかにはバーベキューをしていたところもありました。海に行けばサザエなども採れるので、食料の心配はあまりありませんでした。ただ、当初から水がなかったので、それが心配でした。そこで最初に取り組んだのが、手持ちの発電機で飲料の自動販売機に通電して、あるだけの飲み物を買いました。なかには自販機が壊された地域もあったようですが、ここでは、被災した観光客の方々も率先してお金を入れて飲料を求めてくれました。

発災から数日

二日の朝には、状況が何となくわかってきました。そこで、区長がリーダーシップを発揮し、住民や観光客につぎつぎと指示を出していきました。まずは、避難所の開設でした。集会所はありましたが、そこだけでは地区の一四〇人は収まらないので、集会所には住民のなかでも高齢者を中心に入ってもらい、地域内の旅館の大広間を開放してもらって観光客に入ってもらいました。同時に、女性陣による炊き出しも始まりました。ガスはプロパンガスだったので、お米が炊けました。もともと狼煙町ではお祭などのイベントのときに婦人会によって炊き出しをすることが多かったので、スムーズに炊き出しが始まりました。こうして、丸一日ぶりにご飯をたべることができ、とても美味しかったです。夜になって、皆が少し落ち着き始めたので、私と区長とで避難者の名簿を作りました。次第に交通アクセスが可能になってくると避難先も変わってきますので、情報は日々更新しました。高齢者のなかには、なかなか集会所に来てくれない人もいて、情報を確定するのにもひと苦労でした。

発災から二日間は完全に孤立した状態でした。土砂崩れで通れなかった道もまだありましたが、林道などを使って迂回をすれば、市役所までいけることがわかったので、三日目には、情報収集や報告のために、区長が市役所へ向かいました。同時に、観光客の方で希望者を市役所まで案内しました。区長が帰ってくると、自衛隊が緊急な救護者運搬のために空から、そして海からは物資を運んできてくれたので、少しほっとしました。そうこうするうち、陸上自衛隊が道を直しながらきてくれて、彼らによる捜索も行われました。このときには、民間ボランティアの方も到着していましたが、彼らは昨年五月の地震の時からの縁で、発災直後から狼煙町を目指してきてくれていました。当初、この人たちが金沢と何往復もして、さまざまな物資を届けてくれました。そのころには日本赤十字社の医療団が到着して、避難民の健康面のケアができました。医療団は、はじめのころは三日に一回は様子を見に来ていただき、落ち着くにつれて週に一回程度になっていきました。

四日目には、階段でけがをした人を病院に運んだり、持病の薬を手に入れるために、数人で市街地の病院に行きました。そのときは私も同乗したのですが、道は、地割れの箇所も多く、いつパンクするかわからないほどの状態でした。それまで、情報共有がまったくできませんでしたので、そのころから、海側の四集落だけで区長連絡会をしばらくの間毎日開催しました。これを提案したのが狼煙町の区長でした。その連絡会にはボランティアの方も入ってもらって、金沢などと往復しながら、いろいろな情報をもってきてくれました。

このころから、自衛隊を中心にプッシュ型の支援が始まりました。食料や水がどんどん届くようになり、食料については余るほどでした。そうして、避難所で暮らすには生活の不安はなくなりました。ガソリンや灯油もたくさん届き、簡易ベッドや簡易トイレも届くようになりました。そういった物資を活用しながら、なんとか避難所を運営していました。そうはいっても、電気・水が通っていない状況なので、顔を洗いたいし、洗濯もしたくなります。ちょうど私の家の横には山からの水が流れている小川があって、そこで顔を洗ったり、洗濯をしていました。五日、六日も経つと、そろそろ風呂にも入りたいということになり、区長の家が薪風呂だったので、山の水を沸かして、集落の人たちにかわるがわるかけ湯をしてもらいました。食事に関しては、非常食や菓子パンなどもけっこう届いてはいましたが、水も電気もないなか、手作りでお母さん方が美味しいご飯をつくってくれました。食材は各家庭から持ち寄り、たくさんありました。

地震で一番怖かったのが、漏電などによる火災の発生で、輪島のように水がなくて消せない状況になってしまうことでした。狼煙町には自衛消防団という防災組織があって、彼らが各家の電気・水道・ガスの元栓を確認してまわり、倒壊している家以外の元栓はすべて閉栓を徹底しました。五日には、何とかスマホの電波が復活しました。私のＬＩＮＥには四〇〇件以上の通知がありました。もっとも、停電でアンテナが稼働していなかったので、依然として携帯の電波は通じたり通じなくなったりと、不安定な状況でした。

地区内にはいろいろな仕事をしている方がいて、保健師さんは高齢者の衛生・健康管理をしてくれましたし、社会福祉協議会の職員の方は、ちょっとしたレクリエーションを考えてくれました。大工さんはブルーシートなどで損壊した家の応急措置をしてくれました。私も、少し楽器ができたので、音楽で和んでもらいました。みんながそれぞれできることをしながら、避難所の運営をしていました。

しかし、電気も水もないなかでの生活が一週間も続くと、かなりたいへんです。金沢方面への道が曲がりなりにも少しずつ通れるようになると、頼りにしていた、帰省で帰ってきていた若い人たちがどんどん出ていってしまいます。炊き出しをしてくれる人たちもどんどん高齢化していきました。高齢者のトイレの介助や後始末は、それまでは若い人が担っていましたので、そうしたことにも支障が出てきます。狼煙町には高齢者が非常に多くて、七五歳以上の人が人口の半分くらいを占めます。とくに、いつもと違う環境のなかで、不安定になる認知症の方もいました。避難所がまるでグループホームのようになってしまい、これではよくないのではないかと思うようになりました。

二次避難と情報発信

ちょうどそのとき、集落でまとめて二次避難をしないかという話が舞い込みました。最初は民間からの提案でしたが、徐々に自治体の制度が追いついてきました。二次避難をするのであれば、町として集団でしようという話が持ち上がり、そのときの区長の提案は、基本的に、高齢者・女性は二次避難をしてほしい、しかし完全に集落を留守にするのは防犯面でも好ましくないので何人かは残るというもので、結果的に六〇歳、七〇歳以上の男性が残ることになり、一月一一日に二五人が加賀市のホテルに集団で移り、約一五人が狼煙町に残りました。

このままだと狼煙町がばらばらになってしまうのではないかという危機感を感じました。そこでＬＩＮＥ（スマホの通信アプリ）で「がんばろう狼煙」というグループをつくって、狼煙町に関係のある人に参加してもらいました。なかなか扱えない高齢者には使い方を教え、娘さんなどのところに避難しているお年寄りには、その娘さんなどに参加してもらいました。グループＬＩＮＥでは、毎日、狼煙町であったことを報告してきました。そうして、外に避難している方に、なんとか狼煙町の情報を伝えてきました。そのうち、みなさんもＬＩＮＥの使い方にも慣れてきて、二次避難先の出来事なども知らせてくれるようになりました。これはすごく、よかったと思っています。

一方、残留組の男性陣一五人の避難所暮らしがスタートしました。それまでは女性陣が食事の準備をしていましたが、それからは男性陣がしていかなければなりません。しかし、大きな問題もなく、夜は毎晩宴会状態でした。私だけは仕切りをしていただいていましたが、大広間にみんな雑魚寝をしていました。食事の担当は主に私が担ったのですが、みんな、それまで私が料理をできるなんて思ってもいなかったようです。電気は来ていたものの、まだ水は来ていなかったので生活はたいへんでしたが、もともと住民同士が仲のいい集落でしたので、むしろ楽しいときを過ごし、団結を増したように思います。誕生日を迎える人がいれば、そこで用意できるものでケーキをつくって祝いましたし、節分の豆まきもしました。みんなで海にサザエをとりにいったりもしました。

一月一二日には電気が復活して、スマホの電波も安定するようになりました。そして、仮設住宅の申し込みが始まりました。狼煙町では、できれば地区内に建ててほしいという要望を出すのにあたって、必要な土地がどこにどれだけあるという情報を行政に伝え、強く要望しました。避難生活の夜は暇ですので、残ったメンバーで、狼煙町のこれからの復旧・復興について考えるようにしました。そこで、一四日から、毎週土曜日の夜に会議を開きました。たとえば漁業、お祭り、観光というように、毎回テーマを設けて、フリートークをしました。はじめのころは被災で落ち込んでいるので、なかなか復興の話までできませんでした。お祭りについても、「四、五年は凍結。今は生活優先だ」というネガティブな意見も多かったのです。しかし、回を重ねていくうちに、前向きな発言も見られるようになりました。

避難所の生活が落ち着いてくるころには、自衛隊が毎日物資を届けてくれますし、自治体の応援職員や日赤の方も訪ねてきてくれました。警察も巡回してくれていました。避難所にはいろいろなものが届き始めていましたが、一番役に立ったのがスターリンク（衛星電話）で、とにかく携帯電話の電波が不安定でしたので、衛星電話はとても役に立ちました。ＮＨＫはテレビを設置してくれました。ごみ収集も、全国からの応援で、一月下旬ころからやっと始まりました。避難所の人たちはみんな血圧が高めだったので、日赤からは血圧計が贈られました。

ライフラインの復活

二月に入ると、ボランティアによる家の修繕が始まりました。こうしたボランティアの方々は、昨年の地震のときからつながりをもつ人たちで、一般のボランティアが入るより早くから来て活動をしてくれ、重機を使った道路啓開もしてくれました。いろいろな企業や地域からもさまざまな物資を提供していただきました。また、メディアの取材には、二次避難している人たちに狼煙の状況を伝えて、復旧しているところをみて安心してもらいたいという思いから、なるべくていねいに対応するようにしていました。三月になると、学生ボランティアの団体、ｉｖｕｓａ（ＮＰＯ法人国際ボランティア学生協会）の人たちが入ってくれ、復旧活動が本格化しました。

珠洲市の中心部ではもっと早い時期から行政による炊き出しがあったのですが、狼煙町では、やっといろいろな炊き出しが始まりました。自衛隊の炊き出しにもいってみたのですが、自分たちでつくったほうが美味しいとなりました。

二月の半ばには、日置地区の区長たちが集まって、早期の仮設住宅建設とその後の公営住宅建設の要望を市に出しました。漁港には災害ゴミの仮置き場ができ、片付け作業が加速しました。罹災証明が下旬にようやく発行できるようになりました。それで、各戸の被害判定がでて、その程度によって仮設住宅や支援金の程度がわかるようになり、これからの生活について個人が考えられるようになったと思います。

日置地区の水道は、大きな浄水場から引いてくるのではなく、近くの水源からの簡易水道でしたので、復旧も比較的早かったと思います。それでも二月半ばでした。ただし、水道の本管が復旧しても、たとえば私の家の場合は浄化槽が浮き上がってしまって、逆勾配になって排水ができないので、上水道も使えなくなり、ずいぶん長い間、トイレが使えませんでした。そんな家がたくさんあって、市内にはまだ水が使えない家が二割から三割はあるのではないでしょうか。二次避難をする人たちを送り出すときには、水が使えるようになったら迎えに行くからと約束していました。そこで、水が使えるようになった段階で、区長が二次避難先の加賀のホテルまで迎えに行きまして、自宅が使用可能な人一一人がそのとき帰ってきました。

水道が出るようになると、皆さんはそれぞれ家に帰っていき、避難所に泊まる人もいなくなりました。そして三月半ばには、避難所の閉鎖に向けて、物資の整理をしました。以前からこの時期には、集落ごとに総会が開かれていましたが、集落に誰が残っているかもわからない状態でしたので、珠洲市内で総会ができた集落は狼煙町のほかにはなかったと思います。狼煙町では集落の総会を開いて、なるべく戻ってきて参加してくださいと、オンラインでも参加できるようにしました。この総会の日をもって、避難所を閉鎖しました。

このころ、早く日常に戻したいという考えから、区長はあえていつも通りのことをやっていくようにしていたようです。総会を開き、春祭りは潰れてしまった神社の代わりに集会所を仮の会場にして行いました。交通安全週間の幟もあえていつものように設置し、ボランティアの方たちの力を借りながら、側溝の掃除など環境整備の活動も行いました。そうして、いつもの景色を出せるように努めました。

そうすると、だんだん日常の風景が戻ってきました。小さな船なら沖に出られるので、漁も始めました。おじいちゃん、おばあちゃんたちは、じゃがいもを植える時期に帰れるかどうかをとても気にしていて、帰るとすぐに畑を起こして、植付を始めていました。集落の中で、おじいちゃん、おばあちゃんが話している姿をみると、みんな戻ってこれてよかったと思いました。

まだ住民の半分ですが、いったん帰ってきた人が増えたので、復興に向けた話合いが本格的にスタートしました。それまで、毎週土曜日の夜に行っていた会議をもとに、「のろし復旧・復興会議」が組織され、四月から毎月一回開催しています。狼煙町には、女性部や漁業関係、観光関係などいろいろな組織・団体がありますが、それらの代表者は必ず出席していただくようにお願いしました。もちろん、それ以外の誰でも参加可能です。ワークショップ形式で、町の課題について意見を出し合ったり、珠洲市でのいろいろな会合に地域として参加することも行いました。会議の代表を区長が務め、私が事務局を務めています。会議の議論内容については、紙媒体の瓦版をつくって、全戸に配布しています。

このように、いろいろな取り組みをしている地域は、珠洲市でもほかにあまりなかったようで、いろいろな支援の話が舞い込むようになりました。たとえば、ダメージを受けた集会所建設の提案、全国の「狼煙」の団体がいっしょに狼煙をあげませんかという誘い、物資の支援もいただきました。観光地である灯台まわりの草刈をボランティアの方々が継続的に手伝ってくれています。珠洲市全体でも復興計画の作成に向けた取り組みが始まっていて、私も作成委員に選ばれています。

公費解体は最近やっと一軒始まったところで、ほとんどはまだまだです。五〇軒くらいあるうちの半分くらいが半壊以上で、おそらく公費解体になるでしょう。潰れてしまっている家が、今でも放置されています。仮設住宅もまだ基礎だけができている状態で、七月の半ばに入居開始のお知らせが、六月のはじめにきました。ただ、街中を工事車両が走り回って復旧活動をしているふうにもみえません。ほんとうに町は静かです。市の復興計画の策定委員会に参加しても、復興ではなく、あそこを直してくれ、道を直してくれ、水を使えるようにしてくれ、というように復旧の話題ばかりがでてきてしまうのが、今の実態です。

狼煙町では、四割くらいの人が仮設住宅ができれば戻ってきたいといっています。しかし避難が長引いているので、「仮設住宅は狭いと聞いているし、もう金沢の子どものところにこのまま住もうと思う」と、だんだん戻らない選択をしてしまう人がでてきます。数は正確に把握していませんが、今は、二次避難した人の五割が帰ってきていて、一割くらいはたぶんもう帰ってこないのではないかと思います。残り四割が仮設住宅への入居待ちという状況ではないでしょうか。

スムーズな避難ができたのは

珠洲市のなかでも、狼煙町は避難所の運営がうまくいっているほうだと思います。それはなぜかというと、一番は、やはり強烈なリーダーシップを発揮できる区長の存在です。その区長の補佐役として、私のようにパソコンを使える世代の人も近くにいました。次に、日ごろから築いてきた人間関係です。発災直後に、一人のおばあちゃんが潰れた家屋に取り残されました。それをすぐに把握できたことは、誰がどこに住んでいて、今いないということがわかったからです。電話をしたら通じて、家の中の炬燵にいることがわかりました。みんな、よその家の間取りまで知っていたことから、救出がスムーズにできました。住民のそれぞれが、誰が何を得意とし、どうすれば動いてくれるかをよく知っているので、自然と役割分担ができました。また、ひと昔前のオフグリッドな暮らしが残っていたこともあります。たとえば、薪風呂がまだ使えたり、山水の確保、海や山から食べ物をとってくることなど、昔からの知恵や技術が残っていたことも大きかったと思います。能登半島ではここ三、四年、地震が頻発していたため、防災に対する意識がそれなりにたかまっていたこともあります。自営消防団を組織したり、地域の防災計画を昨年の秋に作成したばかりでした。

避難者名簿は事前に作成していましたし、津波に対処する避難訓練も毎年行っていました。そういったことが、今回奏功したと思います。そして、一番行政から遠い地域だということを地域のみんながわかっていたので、何か起こったときは自分たちでどうにかしなければいけないという意識があったのです。そうした意識や危機感があったこともよかったのではないかと思います。そして、なんといってもよかったのは、ボランティアの方たちとのコネクションが、去年の地震を契機にできていたことです。

こうして考えると、田舎だったからこそうまくいった部分が確実にあります。私がこの地域に移住した理由の一つに、万一災害が起こった時にはこういう地域の方が生き残れるのではないかということがありました。それが現実となって、しかもその考えが証明されたことになります。コンパクトシティが盛んにいわれていますが、あまり都市に集中する暮らしは逆にリスクが高いのではないかと思いました。私は東京で暮らしたことはありませんが、学生時代を過ごした金沢でもし同じ体験をしたらと思うと、ぞっとします。

残る課題

とはいえ、多くの課題もあり、これから、いろいろな方の力を借りて、その対応を考えていかなければなりません。まずは、家をどうするかということです。仮設住宅は来月にはできますが、いつまでもそこに住むわけにはいきませんので、そこから先をどうするかです。高齢者が多いので、今から家を建てるのはなかなか厳しいでしょう。そうかといって、市街地に多くの公営住宅をつくって、そこに移住させることもどうかと思います。珠洲市には、狼煙町だけでなく各集落に公営住宅をつくるように要望したいと考えています。また、神社などの建物が全滅しているので、それをどうするかも課題です。観光、漁業などをどうするかも考えていかなければなりません。狼煙町では、これまでもいろいろなイベントを積極的に行ってきましたが、それらの今後をどうするかも考えていく必要があります。今は地域でいろいろな組織が動いていますが、それらを地域運営組織として再編していくことも議論されています。

　こうした取り組みをしていくなかでの一番の課題が、人がいないことです。狼煙町の人口ピラミッドをみると、高齢化が激しく、皆さんすごく長生きです。平均年齢六八・三歳、高齢化率は六七％、七五歳以上の高齢者だけで約半分を占めるという超高齢化で、まさに限界集落です。私のような、三〇代、二〇代はすごく少なくて、これからの復興を担う若い人材の確保・育成が急務です。そうした人材が今の狼煙町にはいないので、外から呼んでくるしかありませんが、ハードルが高いのが住まいの確保です。今までは、空き家がたくさんありましたが、今では地元の人ですら住む家がない状況です。私が今活動している事業組合でも同じ課題が指摘されています。人に来てほしいのですが、住む家がないという状況です。

皆さんにはぜひ珠洲に来ていただいて、現状の発信をお願いできればと思います。ありがとうございました。

（ばば　ちはる）

〈質　疑〉

――狼煙という地区の主な産業は何ですか。

馬場　昔は半農半漁だったようですが、今では観光が主で、農業のほとんどは自家用だと思います。地域内に田んぼがありますが、隣の地域の農家がすべて引き受けているようです。高齢な漁師が数名いて、あとは旅館や民宿業が主です。少し前は、漁業と観光の町でした。ただ、現在の漁港の状況をみると、これを機に漁をやめてしまおうという人もいるようです。一生懸命やっていた漁師さんが、船が沈んで意気消沈していました。幸か不幸か、狼煙漁港は国直営の避難港（港湾法に基づき暴風雨などの際に小型船舶が避難すると指定された港）だったので、国が港を直してくれます。隆起した海底の浚渫工事が始まっていて、今年度中には終わる予定のようです。しかし、せっかく港が直っても漁師がいないので、漁師を呼び込みたいと考えています。

――お話を聞いていると、狼煙地区は集落機能がまだ残っているところのようです。しかし、全国の集落では、その機能がまったくなくなってしまったところが少なくありません。そういう地域の話を聞いたことはありますか。

馬場　珠洲市の中心部の人たちは、小中学校の体育館に避難することになりましたが、そうなってしまうと、集落外の人も集まるので、目も物資も行き届かないので、うまく運営ができなかったようです。知らない人たちが集まるので、みんな好き放題な行動をとるらしいです。トイレもひどい状態で、避難している人の統率もとれません。物資はたくさんありましたが、それも避難所にいる人にしか配布されず、自宅避難や車中泊の人が物資を取りに行っても、もらえないということがあったそうです。人の本性というものが出たのかもしれません。狼煙など小さな単位で運営していた避難所ではそういう話は聞いたことがありません。その意味でも、狼煙で被災してよかったと思いました。もっと都会で被災していたら、早々に出ていっていたでしょう。

――二次避難をしている人たちのうち、もう戻らなくてもいいと考えている人はどのくらいいるのですか。

馬場　当初の二次避難先である宿泊施設にそのままとどまる人もいれば、親戚の家に間借りしている人もいるし、みなし仮設という制度で借り上げられているアパートなどにいる人もいます。そうした人たちの意向を私たちは把握しています。仮設住宅ができたら帰ってくるかと、区長が電話で聞くと、「子どもたちのいる金沢にこのままいる」という返事も少なくないといいます。

――のろし復旧・復興会議には行政も参加しているのですか。

馬場　いえ、狼煙町民だけでやっています。そこまで、行政が参加する余裕はないと思います。最終的にこちらで要望をまとめて、行政にきちんと提言をすることにしています。珠洲市では年内策定をめどに復興計画を作っていて、各地区で意見交換会が開かれていますが、そこでの市長の話を聞いていても、市として基本方針はつくるものの、結局は集落ごとに計画を考えてくれということになっています。そうはいっても、今そこまでの動きができている地区はそうはないと思います。そこで、たとえば地域おこし協力隊を各地区・集落に配置して、復興計画策定のサポートをしないと計画策定に動けない地域もあると思います。一方、自分で復興計画をつくれないような地域は廃れてもしょうがないという強い言い方をする人もいます。

――狼煙には、馬場さんのように、外からきて定住されている人がほかにもいますか。

馬場　事業組合のマルチワーカーのなかの一人で、二〇歳代の女性がいましたが、仕事は続けてはいますが、家が住めなくなってしまったので今は狼煙町外に住んでいます。ただ、まだ若いので、いろいろな地域活動に参加してくれるまでにはなっていません。お嫁さんで町内に入ってきた人もいます。この方は小さいお子さんがいるので、今は金沢と珠洲の二拠点生活です。

――珠洲市の防災計画には、具体的に地域の役割が示されているのですか。そうしたことは実際に役に立っているのでしょうか。

馬場　地区ごとの防災計画策定は昨年五月以前は任意でした。しかし、昨年の地震をうけて、なるべくつくるようにと市から指示がありました。それをうけて、日置地区でも整備を進めて、昨年一〇月ころに策定しました。半島の先端部で道も少なく、災害時には孤立する可能性が高いので、各集会所で避難所を開設することになるだろうと想定されました。避難者名簿をつくろうというのも、それが契機でした。そういう意味では、市の防災計画は役に立っていたと思います。

――狼煙のこれまでの経過のなかでは、意見の対立などいろいろな障害もあったのではないでしょうか。それをどう乗り越えてこられたのですか。

馬場　もともと喧嘩早い気質のある漁師町なので、激しい意見の対立は少なくありません。ましてや、被害の程度が完全壊滅や一部損壊などと同じではないので、同じ土俵で復旧の話もできません。「お前の家は一部損壊だからいいけど、うちは全壊だ」という具合にすぐに喧嘩が始まります。そうすると、区長が収めることになります。ただ、みんながよく知った仲なので、いつまでもしこりが残ることはないようです。

――町内の田んぼに被害はありましたか。また、担い手は大丈夫でしょうか。場合によっては「集落たたみ」が早まるのではないでしょうか。

馬場　農地のパイプラインの損傷が何か所かあったようですが、それは早い段階で修理されていて、ほとんどの田んぼがすぐに使える状態になっていました。幸い、それらの田んぼはすべて直播でしたので、なんとか間に合ったようです。担い手については、地震の被害に関係なく、課題になっているのではないでしょうか。狼煙町の田んぼは隣町の集落の農家が作業を担っていますが、次の世代が育っていない状況で、やはり後継者が課題になっているようです。これは、農業、漁業に限りませんが、地震をきっかけにそれが早まりました。地域によっては、集落たたみに直面しているところもあるのではないでしょうか。もともと、人がほとんどいなかった地域で、今回の地震で水脈が変わってしまったことを契機に、集落の全員が帰ってこなくなっているところもあるそうです。

（二〇二四・六・二四）

能登半島地震から半年を経た「今」と奥能登農業の再生と復興に向けて

ＪＡのと 代表理事組合長
藤田　繁信

昨年の令和五年八月に「おおぞら農業協同組合」と「珠洲市農業協同組合」が合併し、新たなＪＡ「能登農業協同組合」が誕生しました。管轄は、輪島市、穴水町、内浦地区を除く能登町、珠洲市です。能登半島の先端部をほぼ管轄しております。

さて、発災から半年を経過しますが、まだ、復興はもちろん復旧すらできていない状況です。皆さんに能登の地域や農業の現状をぜひ知っていただきたいと思います。

発災直後に災害対策本部立ち上げ

一月一日元旦、四時一〇分に発災しました。私は奥能登の中央部、能登町の山間部に住んでいますが、そこでも相当な揺れを感じました。さいわい、住宅が一部損壊、作業所と土蔵の半壊ですみました。電気も通っていて、地盤が強い地域だったので携帯電話のアンテナが無事でしたので、携帯の通信には支障がありませんでした。そこで、携帯電話でＪＡ職員に安否の確認と三日からのガソリンスタンドの営業について、連絡をとりました。能登の多くの地域で停電していて固定電話は通じませんし、携帯電話も市街地ほど電波が通じにくくなっていて、ＪＡの役職員のなかで私のところだけが携帯電話が通じていました。そうして、ＪＡの各グループと相談して対応し、なんとか、農協の災害対策本部を設置しました。

能登地域は、金沢からののと里山海道が幹線道路としてあり、穴水を起点にして国道が各地に走っています。しかし、市街地と市街地を結ぶ道路は、丘陵地や山が崩れ、路面が波打ち、亀裂が入り、それぞれの市街地は孤立していました。そのため、なかなか現地へ行くことができなくて、それぞれの地域がどういう状況にあるのかがわかりませんでした。ようやく次の日あたりから、たいへんな被害だということがわかるようになってきました。珠洲市内や輪島市内の一部では、水道の本線は通ったものの宅内への引き込みは難しく、現在でも、まだ断水が続いているところがあり、下水道も同様の状況です。震度七の地震と発表されていますが、私が各地を回って状況をみたところでは、もっと大きな揺れがあったのではないかという印象をもちました。能登半島には逆断層が複数存在し、それが被害を大きくしたのかもしれません。

被害の状況を現場にみる

通信の途絶により、当初はＪＡの職員全員の安否確認がなかなか取れませんでした。その一方で、職員の一人が亡くなったという残念な情報をうけました。

輪島市では地震による火事が発生し、朝市通りを含む市街地が消失しました。また、能登町の白丸、珠洲市の宝立、三崎では、非常に大きな津波がきました。これらの地域では、津波の被害だけでなく、地震と火事による被害も受けたところもあります。

こうした現地をみると、非常に強烈で痺れるような状況です。それを目の当たりにして、このなかで地域が再生できるのか、能登がもう一度元の姿に戻れるのか、この地で農協の運営ができるのかというのが、正直な感想でした。四月一六日現在、亡くなった方が二四五人、災害関連死を含めると約三〇〇人です。住宅の被害が非常に大きく、全壊が約八〇〇〇棟、半壊は約一万五〇〇〇棟です。

四月三〇日、ＪＡグループの全共連の柳井理事長（当時）に能登に来ていただきました。柳井理事長は、「東北の震災、熊本の震災等々、自分が被災地を見た範囲で申し上げると、能登の全壊率が非常に大きい」とおっしゃっていました。そして、「藤田さん、この状況を全国の皆さんに伝える努力をしないといけません。そして、国会の先生方にぜひ能登に入ってみていただいたらどうですか。そうしないと、能登の復興はたいへんです」とおっしゃいました。それから、地元や国の先生方に連絡して、できるだけ能登に来ていただき、連日のように現地をご案内させていただきました。

電気は来ない、水は来ないなか、一月九日の時点では、市街地の人口の多いところほど断水の戸数が多くなっています。七月一六日現在でみても、珠洲市が三〇〇〇棟以上と、いまだに水に困っている状況です。上水道の本管は直っても、宅内がなかなか難しく、県内外の応援を含めても関係事業者が足りない状況です。

被災者の数は五〇〇〇人以上にのぼりますが、最近ようやく、仮設住宅に入居される人の姿をみることができるようになりました。金沢や加賀近郊の温泉街、遠くは富山県の立山や宇奈月温泉に二次避難をする人もいます。当初の避難先は小学校などで、私どもの本店も避難所になりましたが、そういったところでは一か所に七〇〇人～八〇〇人と多数の皆さんが入ります。顔を突き合わせて、体育館でごろ寝をするのが辛い、そして感染症の恐れもあり、高齢者の体調の不安もありました。そこで県のほうで二次避難先を設置していただきましたが、二次避難先でもなかなかたいへんな状況だったと聞いています。

能登の幹線道路であるのと里山海道の路面亀裂の映像が報道ではよく流されます。一部、穴水町の橋が片側交互通行になっていますが、ようやく昨日あたりから全線開通しました。しかし、まだ路面が波打っていて、「舗装したラリーコースのようだ」という人もいるようです。珠洲の海岸では土砂崩れが起き、巻き込まれた人はまだ発見されていません。海岸が隆起していて、国土交通省ではこの隆起を利用して、う回路の建設をしています。山のトンネルは崩壊の危険があるので、海岸沿いにう回路をつくることにしたようです。

国道２４９号線はいたるところに亀裂があり、とくに輪島から門前に向かう日本海側の道路は海面から二〇～三〇メートルの高さにあって、そこが崩落しているため、復旧が非常に困難で、まだ手が付けられていません。金沢方面からきている能登里山街道から、穴水町を起点として、奥能登各地に国道や町道、市道が展開されていますが、各地で道路が崩壊し、山が崩れ、地震当時はそれぞれの市街地が孤立し、集落が孤立化しました。われわれの職員にも、自衛隊によって救出された人が何人もいます。

農協の被害状況

能登地方には五農協ありますが、それぞれが被害を受けています。私どもの農協は、組合員八〇〇〇人、准組合員を含めば一万二〇〇〇人、職員は二八〇人です。昨年の八月一日におおぞら農協と珠洲市農協が合併したばかりです。今回、ＪＡの建物更生保険のなかの地震共済で、五〇〇億円近くがでていますので、今の貯金高は一二〇〇億円になっています。しかし、組合員や地域の皆さんの住宅の被害が大きく、いまだに金沢や加賀に二次避難をされている皆さんは約二三〇〇人にのぼります。

今回の能登地震の被害は広範囲にわたっており、石川県の珠洲市から福井県との境の加賀地方まで、非常に大きな被害が出ています。ＪＡかほくは金沢近郊ですが、そこでも液状化が激しく、水田八〇ヘクタールに被害が出ています。福井県境のＪＡ加賀でも水田の被害が二〇ヘクタールとされ、今年の作付けができなかったところも多く出ています。

私どもの農協の施設の状況をみると、穴水町にある農協の本店では、五〇センチ以上地盤が下がり、被害額およそ一億円です。穴水の葬祭センターは解体して建て替えなければいけない状況です。珠洲支店の西海店は、日本海側にありますが、全壊です。輪島市町野町のライスセンターは私どもの管内では大きいほうのライスセンターですが、地盤が非常に緩んで、今年度の稼働はできないという判断をして、撤収・解体し、隣地区のライスセンターに機能の増強を図り運営をする予定です。

多くの農地で、亀裂や地盤沈下が発生し、のり面の崩壊もあります。大きなところでは、山の地盤がずれたことによって、二メートルの段差が約六キロにわたって走っているところもあります。家の下にもその断層が通っていて、家の屋根自体がずれました。もちろん、農業用水路にも大きな被害がでました。また、基盤整備をした圃場、とくに大きな区画の水田のパイプラインを修復するのに困難を極めております。管がずれたり、割れたりしているところがあるので、通水してから、水が漏れているところをひとつひとつ確認しながら修復していかなければなりません。

水利面でも、頭首工や堤防に大きな被害がでています。なかでも、ため池などの農業ダムにたいへんな亀裂が生じました。そこで、農政局、県の土地改良部門、地元農林事務所、事業者のみなさんが協力して、ため池の補修をしました。ため池の底の方に穴をあけ、決壊して下流域に被害がでないようにしました。この状況が報道されれば、多くの人の不安を煽ることになったのではないかと思っています。そういう意味では、報道されてはいないものの、裏方の皆さんの重要な仕事でした。現在、農地の復旧を県、国に要請をしておりますが、来年度の農業の復興にあわせて、農地の修復をぜひお願いしたいと考えています。共同利用施設については、国の災害事業を使って、なんとか修復できる見通しです。また、農家の皆さんお持ちの機械・施設については、国の震災事業のなかで九割助成の補助事業があるので、それで対応していきます。

令和六年産の春の作付け見込みを調査したところ、奥能登二市二町の水稲の作付は約六〇%、一八〇〇㌶です。野菜は五割から六割程度で約三五㌶ですが、とくに被害が大きかった珠洲地区では、ブロッコリーで四割、カボチャで三割となっています。水稲では、田んぼの痛みには非常に大きなものがあります。田んぼは、荒起こし、代掻きをして、水をいれてみないと、どこに水漏れがあるのかわかりません。四割で作付けができないとしていますが、その理由は調査中です。こうした見込みをもとにして、国にさまざまな要請をしていきたいと思っています。野菜作については、畑に行く道路やのり面が傷んでいますので、その復旧もしていかなければなりません。ここでとくに指摘しておきたいのは、建設土木業の事業者が道路などライフラインの復旧工事で非常に忙しく、なかなか農業の復旧工事にこられない状況があることです。見積書もなかなかでてこない状態です。

のと農協の取り組み経緯

先ほども申し上げたように、一月一日に電話で災害復旧対策本部を立ち上げました。管内七か所の農協の建物を避難所として利用していただきました。元旦でしたので、もちろん職員は出勤していませんし、職員自身も被災しました。そのため建物の鍵が開きません。そこで、避難に来た近隣の皆さんは、玄関の壊れたブロックを使ってガラス戸を割って、建物の中に入りました。津波警報がでていましたので、皆さん、命からがら、比較的広い施設であるセレモニー会館や育苗センターなどに避難してきました。避難してきた人のなかには、神社への参拝客や帰省の方もおり、避難所が非常に込み合って、混乱していたときもあったようです。すいかの選果場に入った人のなかには、暖を取るために段ボールを燃やしたり、敷いて寝たという人もいたようです。

一月一五日には、珠洲支店の移動店舗を使って、移動店舗の営業を開始しました。一三日には、各幹部職員を集めて災害対策にかかる人事を行いました。道路が寸断され、山が崩れているので、各地域へ行くのが非常な困難な状況でした。そこで、できるだけ出身地の地元の支店に職員を配置しました。さらに、二四日に、時間短縮ではあるものの、七支店のうち五つの支店で営業を再開しました。地方銀行のなかには、週に二回しか営業をしていない銀行もありましたので、地元の皆さんからは、「農協はよく早くから営業をしてくれた」という声をいただきました。

二月一日には、まだ早いという意見もありましたが、五つの支店で通常営業を始めました。二六日には、一月に設けた災害対策室を復旧復興対策室に名称変更するとともに、全農石川県本部の協力により、全施設の被害状況を報告しました。それによると、概算で三九億五〇〇〇万円、約四〇億円の被害です。本・支店・一二施設で一一億五〇〇〇万円、営農施設四四施設で一四億二〇〇〇万円、経済施設五八施設で一三億八〇〇〇万円の被害です。非常に甚大な被害ですので、さっそく県・国に伝え、支援を訴えました。その間、私は、農林水産省、全中、全農等を通じて、トップの方々に現地に入っていただいて、対応をお願いしました。みなさん快く対応をしていただきました。

三月に入りJAのとととして、私どもの組合員が金沢近郊や加賀地域に避難されていましたので、JAグループの協力を得て金沢市に位置する石川県農業会館に、その方々を対象にした総合相談センターを開設しました。それとともに、金沢市内のホテル、加賀温泉のホテルにご協力をいただき、私どもが出向いて現地で臨時の相談会を設けました。さらに、三月一一日にも災害対策にかかる人事を行いました。輪島市の町野町は、山が崩れ、商店街が全滅するなど大きな被害がでたところですが、三月に入ると、田植えの準備もあり、二次避難先から皆さんが少しずつ帰ってきました。そこで町野支店を再開しました。四月に入ると、支店の運営委員会の会長・副会長の皆さんによる地域振興協議会において、当農協の被害の状況を報告させていただきました。

各事業の状況

なお、二月の農政ヒアリングでは、農林水産大臣、県知事、県庁にあった政府の現地対策本部本部長である内閣府の副大臣に現地に入っていただき、生産者をまじえて情報交換を行いました。二月二五日から二八日にかけては、水稲を中心にした作付けについて、生産者の皆さんに向けた説明会を実施しました。四月に入ってからは、農林水産省などで被害の状況について意見交換をさせていただきましたが、水稲では、約六割の作付があればいいのではないかということが見えてきました。その時点でもまだ農業被害の全容については、県もわれわれも農林水産省もまだ見えてはいませんでした。五月の二二日～二三日には、作付ができなかった田んぼに麦の種を蒔いて、緑肥にすることについての説明会を開催しました。なお、四月一三日には、農林水産大臣が二回目の視察に訪れました。

購買事業については、一月三日からガソリンスタンドの営業を始めました。これについては、農林水産省から「よくぞ、大災害の中、営業再開をしていただいた」と感謝されました。とくに、避難所の皆さんや車で寝泊まりをしている皆さんに、命を繋ぐ灯油とガソリンを供給できました。瓦礫の中から被災者を救出をする消防や自衛隊、警察に燃料を供給できたことで、少しは地域の皆さんに貢献できたのではないかと思っております。四日、五日には、Ａコープ能登とＡコープもんぜんで避難所向けに食料品と日用品を配布しました。交通が遮断され、それぞれの地域が孤立していたので、避難所の皆さんは最初は自宅から持ち込んだ食料を使っていたのですが、それもなくなってきたことから、Ａコープだけではなく直売所の食料を避難所の皆さんに届けました。「こんにちまでいられるのも農協のお陰だ」という声もいただきました。その後、順次スタンドの開設を行いました。なかなか電気が来ないなかで、スタンドの開設をするのは非常に難しい面がありました。全国からの応援部隊の助けもあり、家庭に配置しているプロパンガス器具の点検や傷んだ家からの回収を行いました。皆さん、道なき道を行き、各戸の点検をしていただきました。

一月五日の夜一〇時半に、当農協の葬祭施設であるやすらぎ会館の職員から電話がありました。心身ともに疲れ切った様子でした。消防が瓦礫の中からご遺体を搬出しますが、それを市の仮安置所に運び込んで警察の検視を受け、その後ご家族にご遺体が渡されます。しかし、ご遺族は避難所や金沢などに避難している人も少なくありません。ご遺体をすぐに受け取ることができない場合、農協の会館で預かることになりました。それが四〇体近くになり、収容しきれなくなりました。会館の職員も自宅が崩れ、家族が避難所にいますが、自分は車中か会館に寝泊まりをしなければなりません。ご遺体が並んでいる会館の様子はまさに戦場でした。ご遺体の数は異なるものの、同じような光景が輪島のセレモニーセンターでもみられました。なぜすぐに火葬ができないかというと、二市二町、七尾市方面まで含めて、行政の火葬場等が全部故障していたからです。金沢方面の葬祭事業者にお願いして、県内外から多くの遺体搬送車を手配していただき、金沢をはじめとする県内の行政の斎場の炉を開けていただいて、ご遺体を火葬にしていました。

また、信用事業についても、迅速に対応してきました。命からがら避難したものですから、通帳がない、カードもないという方々がほとんどです。一月四日には、ＪＡの総合連携として、そうした方々に対して、本人確認や残高確認をして、当初は一〇万円、後に二〇万円の引き出しを可能にしました。石川県信用農業協同組合連合会や石川県農協電算センターに非常にご努力をいただき、一月五日、六日、七日にはＡＴＭを稼働させました。

二月には、貯金の払い出しができる移動金融店舗車を長野県のＪＡからご提供いただき、二月いっぱい稼働しました。珠洲の移動店舗車との二台で信用事業を展開いたしました。そして、二月九日にようやく電気が来たことから、町野支店、二六日に珠洲支店を再開しました。三月には、なかなかＡＴＭの稼働ができなかった門前支店でも稼働できました。

三月の取引は、顧客七五〇名、取引件数一九七六件です。県内の各農協にはたいへんお世話になりました。県内の各支店の窓口に、避難してきている知らない人が来ても、親切丁寧に対応していただきました。県内の農協の皆さんにはたいへんご協力をいただき、ご迷惑もおかけしました。改めて、感謝申し上げます。

共済事業にかかわる地震の受付件数は、県内で六万六〇〇〇件です。うち、私どもの農協で、一万三四六〇件ありました。今日現在、共済金の支払金額は、私どもの農協で四九七億円、県内では一千億円を超えています。ちなみに全国では一四四二億円です。これは、阪神淡路大震災で一二〇〇億円と、熊本地震と同じくらいの金額でした。東日本大震災は九四〇〇億円でした。もっとも、全壊率でいうと、他の震災では全壊率が一〇％以下でしたが、能登地震でのＪＡ共済の全壊率は町野地域で四〇％を超えており、珠洲や輪島門前地域では三七～三八％です。こうしてみると、非常に大きな地震であったことがわかります。

各方面からのボランティアの皆さんのご協力もいただいています。本日も、特産のカボチャの選果が始まっていて、県内外からボランティアの皆さんにきていただいています。ただ残念なことに、ボランティアの皆さんが泊まる宿がありません。食事をする場所も限られています。なかには、七尾の駅で野宿をしていたという人もいました。非常に頭が下がりますし、感謝の言葉しかありません。そのように、県内外のいろいろなボランティア団体から支援をいただいています。

今後の地域振興に向けて

ようやく公費解体が始まり、全壊のところから手を付けられています。道路の状況が悪く、泊まる宿もないという状況ですが、復旧の第一歩になるのではないかと思っています。先週、先々週と、東京と大阪方面の青果市場、取引先、そしてＪＡグループの全国連に行ってきましたが、東日本大震災、阪神淡路大震災そして熊本地震からみると、復旧・復興が非常に遅れている、何をしているんだと、皆さん非常に憤りを感じているようでした。皆さん、我が事のように思っていただき、非常にありがたく思っています。しかし、道路事情、法律の壁、そして業者の皆さんが不足している等々があるなか、今の状況に至っております。ただ、ここからが復旧・復興だと考え、ひとつひとつ、こつこつと、一歩一歩やっていくしかないと思っております。能登の産業を考えると、一次産業、そのなかでも農業が中心であり、この農業が復旧・復興の第一歩です。今年の春の田植えが復興のひとつのきっかけになり、青々とした苗が田んぼに植わるのが復興の光だと思って、皆さんに声をかけてきました。そうすることが、農業の本格的な復興につながります。そのためには、地震で傷んだ農地をできるだけ早く直して、皆さんに田植えをしていただき、カボチャやブロッコリーの苗を植えていただくことが大事なのではないかと思っています。人が戻ってきて、能登の農業の復興に向けて、着実に推進していきたいと思っております。ただ、被災をきっかけに、農業をやめるという人もいます。やりたいけどできない、もう歳だとして、耕作を断念する人もいます。そうした人たちの水田を預かって、担い手以外にも、地域の集落の皆さんがともに手を携えてつくる緩やかな共同体のようなものができないか、今、県と相談しています。

また、地震で山が崩れ、山の麓にあった集落・市街地が廃絶しています。そこでは、コンパクトなまちづくり・むらづくりが必要です。その点、農協はそれぞれの地域内に大きな敷地をもっていますので、今こそ、農協が地域の皆さんの役に立つときなのではないかと考えています。農業を中心とした地域ですので、復興を引っ張るのはわれわれ農協であり、コンパクトなまちづくり・むらづくりをわれわれが担っていかなければいけない。能登が耕作断念地とならないよう地域に寄り添う集落づくり・農業づくりを、われわれが地域と一緒になってやっていけばいいと思っています。

（ふじた　しげのぶ）

〈質　疑〉

――あれだけ被害の大きかった東日本大震災に比べて、能登では復旧・復興が遅れているように感じています。遅れている最大の要因はどこにあるとお感じでしょうか。

藤田　日本は災害列島といわれます。それだけに、国・政府で省庁を横断したような防災庁あるいは災害庁のようなものをつくって、指揮命令系統をそこに一元化できるような体制を整備する必要があると思います。大災害では、行政の職員も被災者であることが多く、マンパワーが足りなくなります。スピード感をもって判断をすることも大事です。たとえば公費解体でも、当該家屋だけではなく、隣も振動で揺れるので、隣の了解・承認も必要になります。相続など法律の壁があるので、大災害のときは、法律を深読みして判断する必要があり、それは政治の力だと思っています。

――もともと高齢化が進んでいるだけに、これを機に農業をやめてしまおうという人もいるようですが、農地の集約についてはどうお考えですか。その点での行政の対応は進んでいますか。

藤田　対応については、まだこれからです。今でも耕作を放棄している農地があり、そうした農地はかなり傷んでいます。また、高齢のためにやめるという人もいます。そういう田んぼを、ゆるやかな共同体、たとえば二〇年、三〇年前に農地銀行や農作業受委託組織がありましたが、そういうかたちで地域の農業を守れるような組織づくりをしないといけません。

――そうしたときに、居住者自体も減ってきているので、やはりマンパワーが足りなくなるでしょう。集落の枠を越えての組織づくりも必要になるのでしょうか。

藤田　集落でゆるやかな組織を立ち上げて、地域の農地・農業を守っていかなければなりませんが、その場合は、集落にこだわらずもっと広い範囲で考えていくべきだと思います。今の集落営農や法人化ではなくて、それ以前の、農業機械銀行や農作業受委託組織のようなかたちを想定しています。そうした組織体をもう一度始めたらどうかと思っています。

――また能登に戻って農業を続けたいなど、避難者の意向は把握されていますでしょうか。

藤田　作付けに関する意向はある程度は行っていますが、それは連絡がとれた人だけですので、それ以外の人については把握ができていません。組合員の安否確認はしていますが、まだまだ六割程度でしかありません。仮設住宅に入居した人もいますが、仮設住宅には全壊の人から優先して入っていきますので、誰がどこの仮設住宅に入居したかがなかなか把握できていません。それはこれからの作業になると思います。

――コンパクトなまちづくりに言及されましたが、そうなると、高齢者のみの小さな集落の維持は難しくなるのではないでしょうか。その一方で、集落の維持にこだわる住民もいるのではないですか。

藤田　石川県の松任の組合長に話を聞いたことがあります。二次避難してアパートなどに入居している方は、みなし仮設として家賃の補助がありますが、そういう方々のとくにお年寄りの方々が、そこで畑を世話してほしいといっているそうです。お年寄りの方は、家に帰って、田んぼや畑をしたいという意向をもっているようです。先ほど申し上げたように、農協は、地域の中でも、まとまった敷地をもっていますので、そうしたところを、いわゆるコンパクトシティに提供できればいいと思っていて、一部の行政とはそうした話をしているところです。今、県の土地改良部門に話をしているのですが、水田の圃場整備をするときにはのり面も整備するので、かならず余分な面積がでてきます。そうしたところに、一〇～二〇棟のハウスをつくっていただきたいと要望しています。それによって、余剰労働力を園芸に向かわせることもできます。

―― ボランティア活動をきっかけに現地に来て、そのまま地元の方々と関係性を築いて、復興の一翼を担う人たちが増えているようです。能登ではそうした動きはみられますか。

藤田　能登では、発災前から、ここ数年、地域おこし協力隊の人たちがきていて、永住しようという決意をした人も何人かいます。そうした方々と情報交換をして、能登の新しい農業のかたちをつくることも一つの方法ではないかと考えています。ただ、そうした方々が能登に移住できるようにするためには、彼らが生活できるようなモデルを提供しなければいけません。

―― 復旧・復興が遅れている要因について、現場で状況をつぶさにみてきたお立場で、考えられる点をあげていただければ幸いです。

藤田　繰り返しになりますが、やはり、指揮命令系統の一元化が大事だと思います。それに尽きると思います。今後も日本は非常時を迎えることが少なくなく、そのときに、指揮命令系統を一元化できる組織が大事です。たとえば、公費解体ですね。道路の寸断や山崩れは別にして、家の解体やがれきの存在は、外から訪れた方に非常に強烈に映りますし、地元の人間も復旧が進んでいないと感じます。公費解体にはいろいろな条件があり、行政はそれを守らざるをえませんが、それを切り開くのが政治の力だと思います。国や県でつくられた補助事業に関する制度がありますが、現地での運用にはいろいろな壁が立ちはだかります。それに対して、こういうときにはこうしてほしいという提案をどんどん投げかけていくことがわれわれの仕事だと思います。

――ＪＡの施設の復活が早く、地域の方にたいへん喜ばれたようです。ＪＡの施設が災害時にライフラインとして重要な役割を果たしたのだと思います。早期の事業復帰の要因はどんなところにあったのでしょうか。

藤田　能登は昨年の地震まではあまり大きな災害には見舞われませんでした。しかし、昨年の地震を契機に、災害対応について多くの方々の意見がありました。また、今回は職員の動きにも早いものがありました。一月一日から、来られる人は事務所に集まっていただいて、被害の状況を確認してくれました。土日、昼夜を厭わず、仕事をしていただきましたので、職員の力が大きかったと思います。職員の状況をみて、支店の時短営業から二月一日の通常営業、同時に、中央会、信連、全農、全共連の応援のお陰でもあります。ＡＴＭの稼働も早かったですし、ガソリンスタンド、プロパンガスなどについて、系統からの助けがありました。

職員や地域の皆さん全員が被災者であり、車中泊をしながら、園芸ハウスに寝泊まりしながら、傾いた家からも職員は通ってきました。そういう職員がたくさんいます。二月一日から通常営業を始める時には、まだ早いという意見もありました。しかし、自分たちの食い扶持を稼ぐ場所ですので、いつまでも被災者の顔をしているなと、私は鬼になりました。地域の皆さんはたいへんな思いをしているのだから、われわれ職員も被災者ではあるけれども、組合員の皆さんにサービスを提供しなければならないと、二月一日から通常営業を絶対やるんだとしました。さらに、県本部や全国連の理事長にも電話をして、必ず待っているから被災地に入ってくださいと伝えさせていただきました。そうして、皆さんに被災地の様子をみていただいて、いろいろなご支援をお願いしてきました。見て、感じて、対応していただけるのは、大変ありがたいことです。皆さんのお越しもお待ちしております。

（二〇二四・七・二二）

農政の焦点

堂島のコメ上場

会員　熊野　孝文

米穀指数を取引する先物市場―八月一三日から取引スタート

㈱堂島取引所（大阪市西区　有我渉社長）が現物コメ指数の先物取引を開始して一か月と一週間が経過した。

九月二〇日の取引終了時の価格（引け値）は二〇二五年二月限一万八七八〇円、四月限一万九三〇〇円、六月限一万九〇〇〇円、八月限一万八九一〇円になった。取引がスタートした八月一三日から九月二〇日までの値動きを大雑把に言うと、スタートの時点の基準価格が安かったこともあってストップ高の連続で、九月四日まで上げ続けた。その後、一転して下げに転じ、今度はストップ安の連続で九月二〇日まで下げ続けたという状況。ストップ高、ストップ安になる要因は、堂島取引所が業務規程で設けている現物コメ指数の値幅制限額が小さいためで、言い換えれば安全運転をしているという面もあるが、それ以上にコメのスポット市場の値動きが「令和のコメ騒動」と言われるほど激しいものになっている影響が大きい。その意味でもこの指数を売買するコメ先物市場が乱高下する米価のリスクヘッジ機能と価格平重化作用の役割を果たせるのかが問われている。

試験上場と本上場の違い――本上場を勝ち得た要因

堂島取引所では二〇一一年から二〇二一年まで一〇年間にわたりコメ先物取引の試験上場を行っており、満を持して本上場申請を所轄官庁である農水省に提出したのだが、取引高が十分でないという理由で不認可になった。堂島取引所はもちろん、商品先物取引業者、コメ業界でもこの不認可判断は「あり得ない」と青天の霹靂と表現される衝撃的な出来事として受け取られた。それからわずか二年後の今年二月に堂島取引所は本上場申請を行い、六月に認可されるというこれまた異例と言うべき出来事が起きた。不認可からわずか三年という短期間での本上場実現は異例中の異例である。本上場が認可された背景には、上場商品の所轄官庁は、かつては農林水産省が多くを握っており、穀物や蚕糸など活況を呈していた時期もあったが、今や工業品は経産省、金融商品は金融庁と縦割りが進み、商品が分散する一方で総合取引所が設立されるなど商品の所轄官庁と言う意味自体が薄れていることが大きい。とはいってもコメは農水省の最大の所管物資であることに変わりなく、農水省の判断が優先されることには変わりない。

そうした中、農水省は、大臣官房新事業・食品産業部が主催して令和五年八月から「米の将来価格に関する実務者勉強会」を四回にわたって開催、今年一月三〇日にとりまとめの報告を行った。

この報告書には「予め取引価格 を定め得る取引形態としては、現時点で行われている『現物先渡相対取引』と現時点では行われていない『現物市場先渡取引』及び『先物市場取引』の三つが想定される」と明記、その役割について「生産者等が将来の価格変動に対するリスク抑制を行う場合の手法のひとつとして、現物相対取引や現物市場取引に加え、予め取引価格を決めることのできる取引形態（現物 先渡相対取引、現物市場先渡取引及び先物市場取引）を組み合わせて活用することが想定される」と記し、先物市場の有効性を上げている。

有効性が認められたからと言って本上場を申請して認可されるわけではない。そこはやはり政治的な判断が重きを置いている。舞台裏では与党の有力議員と折衝が行われ、その中で「先物市場に反対しているわけではない。まず、ちゃんとした現物市場があるのが先だろう」という言質を得たことが大きい。そこに流通経済研究所が主体になって「みらい米市場」と言う現物市場が生まれた。さらには外部的には、中国の大連商品取引所が二〇一九年にジャポニカ種を先物市場に上場して取引が活況を呈し、このままでは日本米の価格は大連商品取引所で決まることになるとの危機感が芽生えたことも影響している。

現物コメ指数と言う商品―参加者拡大が最大のカギ

八月一三日から堂島取引所で取引が始まった現物コメ指数は、文字通り指数の取引であり、試験上場中に取引された新潟コシヒカリや秋田あきたこまちと言った特定銘柄の取引とは全く性質の異なる先物取引である。

堂島取引所では、この現物コメ指数のことを「堂島コメ平均」と呼んでいる。堂島コメ平均とは、わかりやすく言うと日本全国の主食用米の平均価格のことである。

現物コメ指数は、先物市場で実際に売買する際に最終決済価格に用いられるため極めて重要だ。少しややこしくなるが、この現物コメ指数がどのように決められるのか堂島取引所が現物コメ指数算出要領という冊子を作成しているので紹介したい。

英語名はJapanese Rice Price Index（略称JRPI）と言う。その示すものは「現物コメ指数は、農林水産省が毎月公表する『米の相対価格・数量』における全銘柄平均価格の当月値を予測した値であり、発表当月のコメの価格相場の推計値である。そのため現物コメ指数は、『国産うるち米1等（玄米）』の当月相対価格を示すものであり、これには農林水産省の『米の相対取引価格・数量』と同様に、コメの包装代、運賃、消費税が含まれる。※価格に含まれる消費税は、軽減税率の対象である米穀の品代等は八％、運賃等は一〇％で策定している。※加重平均に際しては、新潟、長野、静岡以東（東日本）の産地品種銘柄については受渡地を東日本としているものを、富山、岐阜、愛知以西（西日本）の産地銘柄については受渡地を西日本としている者を対象としている。※現物コメ指数は、農林水産省による『米の相対取引価格・数量』と同様に、対象産地品種銘柄ごとの前年産検査数量ウエイトで加重平均された値である」としている。

米価指数と現場感覚の違い―堂島の説明に驚く米穀業者

コメ先物取引がスタートする直前の八月九日に都内で米穀業者が集まった席で、堂島取引所がこの現物コメ指数の先物取引について説明したのだが、二度にわたり驚きの声が上がった。一つは取引が税込みの価格で行われること。米穀業者間での取引は税別で行われており、試験上場中のコメ先物取引も税別取引であったことから税込み取引は想定していなかった。また、インボイス制度導入により農協特例が設けられたことから米穀業者は税の扱いに敏感になっているという面もあった。

もう一つ驚きの声が上がったのが、八月一三日の取引開始日の堂島コメ平均（現物コメ指数）の基準価格の安さである。その価格は一万五二四〇円で、これを聞いた米穀業者は一様にあまりの安さに驚いた。この時期、現物市場ではコメのひっ迫感が強まり、刈取りが始まったばかりの関東早期米の庭先価格が急騰、一俵税別で二万円以上は当たり前になっていたので、堂島の基準価格は安過ぎた。

取引初日は、当然のこととして買いが先行して一万七二〇〇円まで値上がりした。ストップ高にならなかったのは業務規程で取引初日だけ制限値幅額が一五％に設定されていたため、金額にすると二二八〇円まで取引が可能であった。しかし、その後はストップ高の連続で九月三日まで全限月二万四〇〇〇円まで値上がりした。冒頭に記したように、その後、一転してストップ安の連続で差が続けたというのが九月二〇日までの値動きである。

まだ、取引が開始されてから間もないので、指数取引の功罪について言及するのは時期尚早かとも思われるが、コメの当業者がこの先物市場をどう見ているかについて触れてみたい。

現物が欲しい当業者―産地銘柄ごとの価格知りたい

コメの当業者（生産者や集荷業者、流通業者など）が現物コメ指数の先物取引をどう見ているのかと言うと、一言で言ってしまうと「よくわからない」という感想がほとんどになる。実際、堂島取引所が商品設計の基本プランが固まった際に行った当業者や識者が集まった会議でも新潟のコメ生産者から真っ先に自社が生産した新潟コシヒカリの受け渡しはどうなるのかと言う質問が出た。生産者にとってはもちろん流通業者にとっても実際に取引しているのは産地銘柄がわかるコメであり、指数を取引する意味自体がわからない。これは試験上場中には新潟コシヒカリ、秋田あきたこまちなど特定の産地銘柄を先物市場で取引しており、納会でそれら産地銘柄が受け渡しできたのでわかりやすかった。ところが指数取引では具体的な産地銘柄のコメの価格がわからないばかりか現物の受け渡しもないので当業者が良くわからないというのも無理はない。

一方で、特定の産地銘柄を取引しているのではないので全国各地どこのコメ生産者でも参加できる。また、受け渡しを伴わないので一般投資家が参加しやすいというメリットがある。

堂島取引所では、先物取引を利用した現物の受け渡しが出来るようにするため「現先連携システム」の構築を目指している。これは、堂島取引所が現物市場を指定して、先物市場で建玉を持っている売り手買い手は商先業者を通じて自らが売りたい産地銘柄や買いたい産地銘柄を指定すれば、指定現物市場がマッチングするというシステムである。その際に必要となるのが現物コメ指数を基準とした各産地銘柄の格付け表になる。堂島取引所は参考資料としてこうした格付け表を作っており、これを見れば例えば来年八月限の現物コメ指数が二万円の場合、新潟コシヒカリは二万一五〇〇円、秋田あきたこまちは二万五〇〇〇円で受け渡しが可能になるということがわかる。それが可能になるのは指定現物市場が現物の売り買いを行えるだけの機能を持たなければならないのは言うまでもない。

今まさに堂島取引所はそうした当業者の利便性を図るべく体制整備を進めている段階だ。


（くまの　たかふみ・元米穀新聞記者）

地方記者の目

「あす」の日本農業への一考察～亀田郷の現場から

会員　原　崇

今年は平年並みだが

今夏も暑かった。とはいえ、新潟県に限れば、昨夏と比べると、今夏の暑さはまだ〝まし〟ではあった。

新潟県では二〇二四年産米の作柄概況（作況、八月一五日現在）は、「平年並み」の見込みとされている。ことしは比較的天候に恵まれた。春先、山間部の一部地域で少雪などで田植えができなかった地域はあったものの、その他の地域ではまずまず順調に生育した模様だ。九月末現在、刈り取りもほぼ終わった。

昨年の新潟県の農家は泣かされた。二三年産米は、今回と同時期の調査で「平年並み」だったが、猛暑と少雨の影響で、最終的な作況は九五の「やや不良」となり、鳥取県とともに全国最低となった。昨年は穂が栄養をため込む八月の「登熟期」に著しい高温となり、白未熟粒が発生した。とりわけ、新潟県の主力ブランド米であるコシヒカリの一等米比率は、四・七％（二四年三月末現在）と過去最低水準に落ち込んだ。

一方、ことしのコシヒカリの品質はしっかりしているようだ。猛暑が懸念された八月は昨年ほどの高温にはならず、夜間の気温も下がって登熟に必要な寒暖差があったことが品質維持につながっているとみられる。高温障害を防ぐために、生産者らが水管理などの対策に努めたことも一定の成果があったといえそうだ。

ただ、現時点ではまだ手放しでは喜びにくい。ことしは背丈が伸びた影響で倒伏しているコシヒカリも目に付くと聞くからだ。新潟市の複数の農家が、倒伏した一部は刈り取って収穫したものの、収量が減る懸念を指摘している。原因は現時点では不明だ。ただ、近年常態化しつつある地球温暖化の影響で肥料の溶け出す速度に変化が生じているのではないかとの仮説を立てる人もいる。今後を注視したい。

高温に弱いとされるコシヒカリ。新潟県内では今、高温耐性コシヒカリの開発促進を求める声が上がっている。また、新潟県がコシヒカリに続くブランド米にしようと力を入れる「新之助」のような高温耐性のある品種の栽培拡大も課題の一つとなっている。コメを取り巻く逆境に向き合い、栽培技術向上によって乗り越えようとする人たちの奮闘には、本当に頭の下がる思いがする。ただ、新潟のみならず、日本全体の地政学的な条件を踏まえれば、生産者の技術的な努力に頼るだけでは、現状を劇的に好転させることは難しいのではないか、との疑念は尽きない。

「減反政策」の構造的問題

日本人の主食であり、わが国で数少ない自給率ほぼ一〇〇％の穀物でもあるコメ。だが今夏は全国的に品薄感が広がり、一部店舗の棚からコメが消え、価格も上昇した。コメ王国の新潟県ですら一時、「コメ不足」が取り沙汰され、消費者を動揺させる事態になったこと自体が、残念である。全国的に二三年産米の品薄状態が広がった要因には、品質低下による精米歩留まりの悪化のほか南海トラフ地震臨時情報や大型台風の影響による買いだめ需要の発生、インバウンド（訪日客）消費による需要の増加、などが挙げられた。

ただ、それらだけでは。「令和のコメ騒動」ともいわれた事態の総括として不十分ではないだろうか。「そもそも『減反政策』による構造的な問題があるのではないか」。新潟市江南区の「木津みずほ生産組合」代表理事の坪谷利之さんは、こう語る。

二〇一八年に安倍晋三首相（当時）は、コメの生産調整（減反）を廃止した、とした。半世紀ぶりの大転換と言われた。ただコメの「生産数量目標」は廃止したが、主食用米から飼料用米などへの作付け転換に手厚い補助金を出すなど米価下落を避ける政策姿勢は変わらなかった。減反廃止が本物だったら、コメの生産が増えて、価格は下がっていたはずだからだ。

しかし日本の人口減少や食習慣の変化もあって、むしろコメの生産量は減っている。「実質的には、減反政策は今なお続いている」（坪谷さん）とみている農業関係者は多い。今夏、皮肉にも「コメ不足」によってコメの販売価格は高くなった。新潟県の二四年産米のＪＡ当初仮渡し金も約二〇年ぶりの高値となり、昨年不作に苦しんだ農家に一服感はある。とはいえ、物価高で肥料や農業機械の価格も高くなっており、生産コストは高止まりになっている。生産者からは「ようやく経費を賄えるくらいにはなったが、設備投資に回せるほどではない」といった声が聞こえる。また、基盤強化を目指しこつこつと規模拡大を進めてきたにもかかわらず、設備投資の負担がのしかかり、規模拡大の判断を後悔する生産者もいるほどだ。

来年産以降も需給のバランス次第で、価格の高騰と下落が起こりうるか分からず、不安定な先行きを懸念する声が現場にはある。こうした現状を看過することはできない。

「令和のコメ騒動」を一過性の問題と捉えずに、日本農業の構造改革、食料安全保障体制構築に本腰を入れる契機にしなければならないのではないか。実質的な減反政策を廃止し、耕作放棄地を減らし、コメを増産し、コメの輸出に本腰を入れる――。そんな夢を描けないだろうか。

近年は新型コロナウイルス禍やロシアのウクライナ侵攻による物流停滞、頻発する異常気象による不作などもあり、世界各国で食料安全保障が注目されてきている。島国であるわが国の食料安保が大丈夫なのかと心配する国民は多いだろう。

だからこそ、平時はたくさんコメ作り、国内で消費しきれない分は輸出する一方、有事となり輸出入がストップした際には、コメ輸出を止めて国民に振り向けることにしたらどうか。輸出のための増産が、万一の際の実質的な「備蓄」にもなるのであれば、一石二鳥ではないだろうか。

ただ、実現には構造改革の実行が欠かせない。事実上のコメの減反政策を継続させず、代わりに所得補償制度をしっかりと整備し直すことも必要だと思う。

若手が夢を持てる農業に

「日本農業の危機は、次世代の農家が育ちにくいことだ」。亀田郷土地改良区（新潟市江南区）の前理事長で長年農業を営む杉本克己さんは、こう強調する。

亀田郷はかつて、腰までつかって農作業をしなければならない「芦沼」と呼ばれた湿地帯だった。終戦間もない一九四八年に排水機場が完成し、次第に水が引くと、農民たちが区画整理などに奮闘した結果、泥田は美田に生まれ変わった。

だが、昭和時代の高度経済成長による都市化の波が押し寄せ、住宅や工場用地として農地転用が進んだ。地道に農業を営むよりもいかに土地を高く売るか、を考える人々が出てきた。さらに減反が始まった。農業を敬遠する若者が増えていった…。

亀田郷の皮肉な歴史と、それにあらがうように都市と農村の共存に向けて奔走した亀田郷農民たちの中心的人物だった故佐野藤三郎さん（元亀田郷土地改良区理事長、一九二三～九四年）については「街道をゆく　潟のみち」（司馬遼太郎著）にも触れられている。

佐野さんの薫陶を受けた杉本さんは今、次世代の農家たちの「やる気」をどうしたら引き出せるだろうか、と悩み続けている。「農業の作業自体はきついことはあるが、楽しいことも多い。農業に魅力を感じている若者だっているはずだ。しかし、就農に至るケースは少ない」と杉本さん。現時点では農業に憧れるだけではなく、実際に就農に至るのは、収益の多寡にこだわる必要のない一定の貯蓄のある元公務員や元会社員といった層が多い、と杉本さんはみている。

若者が参入しにくい理由について、杉本さんは「農業がなりわいとして『食べられない』ことに尽きる。農業で十分な収入を得ていると言い切れる主業農家が一握りの現状では仕方がないだろう」と嘆く。二四年産米の仮渡し金が高くはなったが、来年産以降がどうなるかも分からないままでは生産者が困るのは当然だ。「若者が家族を持ち、落ち着いて農業に専念できる環境を築いてあげなければどうにもならない」とも杉本さんは訴える。

実質的な減反政策が続き、ＪＡ仮渡し金をはじめとする〝米価〟に農家の暮らしが大きく左右されるままでいいのか。旧民主党政権が進め、中途半端だったため、挫折した形になってしまった戸別所得補償制度。再挑戦はできないだろうか。むろん、数の少ない主業農家にも、数の多い副業的兼業農家にも一律にするのでは、単なる「ばらまき」になる。再び所得補償制度を導入するならば、平場では、日本農業と食料安全保障を担う観点から、主業農家を中心に、所得を支えていく姿勢が望ましいと思う。

折しも一〇月一日に首相に就いた石破茂氏は農政通とされる。一五年ほど前に農相を務めていた際に、巨額の税金を投じて農地やコメなどの生産を減らしていることを疑問視し、コメを増産して輸出を拡大する政策への転換を唱えたことがある。今後のかじ取りを見守りたい。

農地の集積は、農家の高齢化などで面積的にはある程度は進んでいるようにも見える。だが分散して、大規模農地としてまとまっているわけではないケースも多々あり、課題は山積している。

中山間地は、平場以上に条件が困難である。水や山林といった環境のために貢献してくれているとの観点から、平場以上に手厚い直接支払いの拡充を検討すべきではないだろうか。中山間地で、コメや野菜などの売買だけで生活が成り立つ人は、構造的にごく少数に過ぎないからだ。

前述の佐野さんはことし、新潟市が政令指定都市になってから初の名誉市民になった。

「あす」の亀田郷のために、「未来」の日本農業のために、佐野さんが生前、熱っぽく語っていた言葉の数々を紹介したい。

「若い農民の心の荒廃が心配だ」「いずれ世界的な人口爆発の時代が来る。減反なんかダメだ」「もっとコメを作り、食べきれない分はエネルギーなど別の形で利用すべきだ」「どんな逆境でもな、今はちゃんとメシが食える。死にはしない。困った、苦しいを簡単に口にしちゃダメだよ」

没後三〇年が過ぎた今も色あせていないメッセージではないだろうか。改めて、かみしめたい。

（はら　たかし・新潟日報社論説編集委員）

国際部報告

昨年のカナダＩＦＡＪ総会にて、アジアからインドが新たに加盟しましたので、元会員でインドの農業に造詣の深い、於勢様より、インドの農業に関するご寄稿をいただきました。

農業技術普及におけるＩＣＴの活用
――インドを事例として――

開発コンサルタント　**於勢　泰子**

多くの開発途上国において、農家への技術指導を担う農業技術普及員（以下「普及員」）の不足が深刻な課題となっている。政府職員である普及員の絶対数の不足に加え、農村部（特に遠隔地）における劣悪な交通インフラや普及事業への逼迫した政府予算などの理由により、普及員がすべての農家を訪問して技術サービスを提供することが極めて困難な状況にある。このような課題に対処するために、近年、ＩＣＴを活用して農業技術普及サービスを改善しようとする取り組みが、様々な国で始まっている。本稿では、ＩＣＴ大国インドにおいて、特にデジタル関連産業のメッカであるベンガルールを州都とするカルナタカ州の取り組みを事例として取り上げ、ＩＣＴを活用した農業技術普及システムの仕組みを紹介する。

これまで、農家への技術サポートは、政府職員である普及員が担ってきた。カルナタカ州には、約三五〇万戸の農家世帯が存在するが、同州政府が抱える普及員は三五〇〇人に満たないと推定されている（注1）。平均して、一人あたり一〇〇〇世帯を担当しなければならない計算になる。遠隔地までの限られた交通手段を考慮すると、一人で一〇〇〇世帯に技術指導を施すことは不可能に近い。その結果、多くの農家が、普及員から技術サービスを受けられない状況に陥っている。

このような状況の中、政府主導の普及事業に民間セクターのノウハウを活用するべく、ベンガルール在住の青年起業家が、ＩＣＴを用いて普及事業に「革命」を起こしている。同青年は、Tene Agricultural Solutions（以下「Ｔｅｎｅ」）という農業セクターに特化したＩＣＴ企業を立ち上げ、農業科学大学（以下「ＵＡＳ（注2）」）と国際農業／生物科学センター（以下「ＣＡＢＩ（注3）」）と協働で、「病害虫診断アプリ」を開発した。同アプリには、病害虫による被害写真が掲載されており、被害状況に応じた処方箋が示されている。さらに、Ｔｅｎｅは、ＵＡＳとＣＡＢＩと連携して同アプリを用いた「病害虫診断医」を養成する研修プログラムも開発している。同研修の内容はＵＡＳに認定されており、研修修了者には「病害虫診断医」の認定証が授与される。同プログラムは若者を対象としており、初等教育と中等教育の計一〇年を終了し、農業に関するバックグランドを有している者に受講資格がある。研修は十二週間に及び、二週間が教室での講義、一〇週間がフィールドでの実践となっている。受講生は畑に足を運び、「病害虫診断アプリ」がインストールされたタブレットを手に持ち、病害虫の診断方法、処方箋、農家への助言方法などを学習する。Teneは、二〇一五年にUASと合同で同研修を試験的に開始し、翌年にはCABIの専門家も加わり、合計一〇コースを実施し、受講生は有意義な学びを得た。

民間企業とアカデミアが連携して実施した「病害虫診断医」養成研修プログラムの評判は、カルナタカ州の農業局にも伝わり、農業局は同研修を州の普及事業の一環として採用する意向を示した。その後、農業局とTeneが協働で「病害虫診断アプリ」を改良し、「デジタル病害虫対策（以下「e-SAP（注4）」）」という州の普及プログラムを開始した。e-SAPのアプリは、全ての一般人に公開されているわけではない。同アプリをダウンロードするためには、農業局が実施する試験に合格しなければならない。e-SAPの試験は、各県の農業センターで受験することができるが、受験資格は州の農業局の職員以外に、農業専門学校／農業大学の卒業生、法人登録した農業関連企業（種苗会社や肥料／殺虫剤等の農業資材販売店など）の社員に限られている。言い換えれば、e-SAPは、農業に関する知識がある人材のみを対象にしている。合格者は、無料でe-SAPをダウンロードすることができ、二〇二四年六月現在、カルナタカ州では、一三三九人（男性八〇五人、女性五三四人）にe-SAPが使用されている。e-SAPユーザーは「普及員」として、同アプリを使って農家に病害虫対策に関するサポートサービスを提供し、そのサービスに対して対価を受け取っている。病害虫対策に関してｅ－ＳＡＰを用いて農家に適切な助言を行うためには、作物栽培に関する基礎知識が不可欠であり、現在は、受験資格を農業のバックグラウンドがある人材に限っている。しかし、農業局は、「普及員」の育成対象をさらに拡大することを目指しており、近い将来、ｅ－ＳＡＰ受験資格を農業専門学校や農業大学の卒業生に限らず、所定の理系科目（生物、化学等）を学習した高等教育（一二年間）修了者にも、ｅ－ＳＡＰ受験資格の門戸を開くことを検討している。そうすることで、より多くの「民間普及員」が生まれることになるだろう。ｅ－ＳＡＰ受験資格の門戸開放に伴い、政府は「民間普及員」が農家から受け取るサービス料金を固定する方針を示している。二〇二四年六月現在、カルナタカ州はインドでｅ－ＳＡＰを採用している唯一の州である。同州のｅ－ＳＡＰの取り組みには、他州や連邦政府も関心を示しており、今後、他の一〇州にもｅ－ＳＡＰを展開していくことが計画されている。

政府がｅ－ＳＡＰの展開を試みる一方で、Ｔｅｎｅは、さらなる先を見据えた新たな農業アプリの開発に乗り出している。行政やアカデミアだけでなく、民間の農業関連企業とも協力しながら、病害虫診断だけでなく、播種、施肥、除草、接ぎ木、収穫方法など、野菜や果実の栽培から収穫に至るまでに必要な全ての技術的ノウハウを作物の種類ごとにパッケージ化した新アプリ「Ｒｏｏｔｓｔｏｃｋ」の開発に取り組んでいる。Ｒｏｏｔｓｔｏｃｋには、作物ごとの技術情報に加えて、推奨される種苗／肥料／農業資材などが手に入る販売店も紹介されており、同アプリを通じて栽培に必要なインプットを購入できる仕組みになっている。言わば、オンライン上のワン・ストップ・サービス・プラットフォームである。e-SAPとは異なり、Ｒｏｏｔｓｔｏｃｋは誰でもダウンロードすることができる。Ｒｏｏｔｓｔｏｃｋでの技術的アドバイスが不十分な場合は、同アプリを通じて農業専門家につながることができ、直接、農業専門家から技術指導を受けることも可能になっている。

しかし、農家の中には、スマートフォンやタブレットを所有していない人や、所有していても操作が苦手な人もいるだろう。あるいは、Ｒｏｏｔｓｔｏｃｋをダウンロードした後、最初は使い方がよくわからず慣れるまでに四苦八苦する人たちもいるだろう。そのような「初心者ユーザー」を支援するために、デジタルに強い若者たちがＲｏｏｔｓｔｏｃｋをダウンロードし、「民間普及員」として「初心者ユーザー」をサポートしていく仕組みが組み込まれている。Ｒｏｏｔｓｔｏｃｋをダウンロードした「民間普及員」は、「初心者ユーザー」に対してオンラインあるいはオフラインでアプリの使い方を教えながら、技術的サポートを提供し、サポートサービスの種類によってはサービス料金を得られる仕組みとなっている。また、同アプリで紹介されている農業インプット販売店の「エージェント」として「初心者ユーザー」に種苗や肥料を宣伝販売し、販売店から一定額の手数料を得られる仕組みとなっている。言い換えれば、「民間普及員」は個人事業主／起業家であり、Ｒｏｏｔｓｔｏｃｋが、デジタルに強い若者に現金収入を得る機会を創出していると言える。Ｒｏｏｔｓｔｏｃｋは、二〇二四年八月から一般に公開される予定である。

やがては、ＲｏｏｔｓｔｏｃｋがｅｰＳＡＰにとって代わって政府の農業普及サービスに採用されるようになるかもしれない。いずれにせよ、普及員の不足を政府職員だけで補おうとするのではなく、アカデミアや民間セクターと連携し、「民間普及員」の可能性を探っていくことが農業普及システムの改善に不可欠ではないだろうか。ＩＣＴは、そのための有効なツールの一つであり、ＩＣＴに強い若者は「民間普及員」としての潜在性を秘めている。ＲｏｏｔｓｔｏｃｋもｅｰＳＡＰも、官民連携によるデジタル農業普及システムの好事例であり、普及システムの改善と農家の生産性の向上に大きく寄与することが期待されている。

謝辞：本稿執筆にあたり、Tene Agricultural Solutions社長のY. B. Srinivasa氏に詳細な情報を提供していただき、ご協力賜りましたことに深謝申し上げます。

（おせ　やすこ）

注１：カルナタカ州の農家世帯数および普及員数は、二〇二四年六月に実施したＴｅｎｅへのヒアリングによる。
注２：ＵＡＳはUniversity of Agricultural Sciences）の略。カルナタカ州のダルワドにある。
注３：ＣＡＢＩはCentre for Agriculture and Biosciences Internationalの略。カルナタカ州のライチュールにある。
注４：ｅｰＳＡＰはElectronic Solutions against Agricultural Pestsの略。

編集後記

▽…冷夏、冷害、ヤマセ、耐冷性品種。これらがメディアから消えてもう何年になるだろうか？日本の稲作史上、恐らく最後と思われる一九九三年の夏、東北地方を襲った冷害時、現地に赴任していた。

　八月の仙台。事務所九階の窓を開けると涼風ならぬ冷風が飛び込んできたのを三〇年後の今でも忘れない。それが今や地球温暖化の進行で暑熱対策・耐暑性品種の開発等の見出しがメディアに踊る。正に隔世の感を強くする。日本は既に「亜熱帯気候」に入ったも同然だ。頻発するゲリラ豪雨、線状降水帯、記録的短時間大雨情報、大雨特別警報。これまで何度耳にしたことか。

▽…九～一二月の研究会テーマは「気候変動と農林水産業の危機」。正にタイムリー。乞うご期待を。最近、とある新聞に「気候危機の問題は政治や権力のあり方を根本的に変えるかも知れない」とあった。示唆に富むと思った。

▽…今号の特集は「能登半島地震～復興への展望」。講師のメッセージに寄り添いたい。巻頭論文も人間の復興、「共創的復興」を問いかける。九月下旬、非情にも復旧途上の被災地が記録的な大雨に襲われた。国を挙げた支援を願うばかりだ。

（T）

日本農業の動き　No. 224

能登半島地震
～復興への展望

定価は裏表紙に表示してあります（送料は実費）。

二〇二四年一一月一日発行©

発行　農政ジャーナリストの会
編集　会長　日向　志郎

〒100-6826　東京都千代田区大手町一の三の一（JAビル）
電話（03）六二六九-九七七二
FAX（03）六二六九-九七七三

販売　一般社団法人　農山漁村文化協会
〒335-0022　埼玉県戸田市上戸田二-二-二
電話　〇四八-二三三-九三五一
URL : https://www.ruralnet.or.jp/
振替　〇〇一二〇-三-一四四四七八

購読のお申込みは近くの書店か、直接発行・発売元へご連絡下さい。バックナンバーもご利用下さい。

PRINTED IN JAPAN 2024

ISBN978－4－540－24062－1　C0061